浙江农作物种质资源

丛书主编 林福呈 戚行江 施俊生

果 树 卷

戴美松 陈小央 古咸彬 等 著

U0389322

科学出版社

北 京

内 容 简 介

本书收录了自“第三次全国农作物种质资源普查与收集行动”开展以来，在浙江省11个地市采集的521份果树种质资源，包括梨73份、枇杷34份、柿38份、桃38份、李34份、杏3份、梅13份、杨梅63份、枣25份、樱桃7份、石榴12份、葡萄13份、猕猴桃56份、板栗12份、锥栗6份、柑橘73份、榧树5份及野果16份（山楂、红树莓、薜荔、木通、橄榄等）；结合以往考察调研工作，概述了浙江省果树栽培的历史、种植模式、分布和类型；介绍了这些种质资源的名称、学名、采集地、主要特征特性、优异特性与利用价值、濒危状况及保护措施建议，并展示了相应种质资源的代表性图片。

本书主要面向从事果树种质资源保护、研究和利用的科技工作者，大专院校师生，农业管理部门工作者，果树种植及加工从业人员，旨在提供浙江省果树种质资源的有关信息，促进果树种质资源的有效保护和可持续利用。

图书在版编目（CIP）数据

浙江农作物种质资源. 果树卷 / 戴美松等著. —北京：科学出版社，2023.3

ISBN 978-7-03-074822-5

Ⅰ. ①浙… Ⅱ. ①戴… Ⅲ. ①作物－种质资源－浙江 ②果树－种质资源－浙江 Ⅳ. ①S329.255 ②S660.292

中国国家版本馆CIP数据核字（2023）第023789号

责任编辑：陈 新 李 迪 田明霞 / 责任校对：郑金红

责任印制：肖 兴 / 封面设计：无极书装

科学出版社 出版

北京东黄城根北街16号

邮政编码：100717

http://www.sciencep.com

北京九天鸿程印刷有限责任公司 印刷

科学出版社发行 各地新华书店经销

*

2023年3月第 一 版 开本：787×1092 1/16

2023年3月第一次印刷 印张：34 1/2

字数：818 000

定价：558.00 元

（如有印装质量问题，我社负责调换）

《浙江农作物种质资源·果树卷》
著者名单

主要著者

戴美松　陈小央　古咸彬　任海英　柯甫志
谢小波　徐　阳　徐红霞　程建徽　吴延军

其他著者

（以姓名汉语拼音为序）

蔡丹英　陈常理　陈合云　胡齐赞　李春寿
李付振　李志邈　林宝刚　林天宝　刘冬峰
苗立祥　彭　娟　秦德辉　沈升法　宋　健
汪宝根　王美兴　俞法明　郁晓敏　张　贤
赵彦婷　朱靖环　朱　燕

"浙江农作物种质资源"

丛 书 序

　　农作物种质资源是农业科技原始创新、现代种业发展的物质基础，是保障粮食安全、建设生态文明、支撑农业可持续发展的战略性资源。近年来，随着城镇建设速度加快，自然环境、种植业结构和土地经营方式等的变化，大量地方品种快速消失，作物野生近缘植物资源急剧减少。因此，农业部（现农业农村部）于2015年启动了"第三次全国农作物种质资源普查与收集行动"，以查清我国农作物种质资源本底，并开展种质资源的抢救性收集工作。

　　浙江省为2017年第三批启动"第三次全国农作物种质资源普查与收集行动"的省份之一，完成了63个县（市、区）农作物种质资源的全面普查、20个县（市、区）农作物种质资源的系统调查和抢救性收集，查清了浙江省农作物种质资源的基本情况，收集到各类种质资源3200余份，开展了系统的鉴定评价，筛选出一批优异的农作物种质资源，进一步丰富了我国农作物种质资源的战略储备。

　　在此基础上，浙江省农业科学院系统梳理和总结了浙江省农作物种质资源调查与鉴定评价成果，组织相关科技人员编撰了"浙江农作物种质资源"丛书。该丛书是浙江省"第三次全国农作物种质资源普查与收集行动"的重要成果，其编撰出版对于更好地保护与利用浙江省的农作物种质资源具有重要意义。

　　值此丛书脱稿之际，作此序，表示祝贺，并希望浙江省进一步加强农作物种质资源保护，深入开展种质资源鉴定评价工作，挖掘优异种质、优异基因，进一步推动种质资源共享共用，为浙江省现代种业发展和乡村振兴做出更大贡献。

中国工程院院士　刘旭

2022年2月

"浙江农作物种质资源"

丛书前言

    浙江省地处亚热带季风气候带，四季分明，雨量丰沛，地貌形态多样，孕育了丰富的农作物种质资源。浙江省历来重视种质资源的收集保存，先后于1958年、2004年组织开展了全省农作物种质资源调查征集工作，建成了一批具有浙江省地方特色的种质资源保护基地，一批名优地方品种被列为省级重点种质资源保护对象。

    2015年，农业部（现农业农村部）启动了"第三次全国农作物种质资源普查与收集行动"。根据总体部署，浙江省于2017年启动了"第三次全国农作物种质资源普查与收集行动"，旨在查清浙江省农作物种质资源本底，抢救性收集珍稀、濒危作物野生种质资源和地方特色品种，以保护浙江省农作物种质资源的多样性，维护农业可持续发展的生态环境。

    经过4年多的不懈努力，在浙江省农业厅（现浙江省农业农村厅）和浙江省农业科学院的共同努力下，调查收集和征集到各类种质资源3222份，其中粮食作物1120份、经济作物247份、蔬菜作物1327份、果树作物522份、牧草绿肥作物6份。通过系统的鉴定评价，筛选出一批优异种质资源，其中武义小佛豆、庆元白杨梅、东阳红粟、舟山海萝卜等4份地方特色种质资源先后入选农业农村部评选的2018～2021年"十大优异农作物种质资源"。

    为全面总结浙江省"第三次全国农作物种质资源普查与收集行动"成果，浙江省农业科学院组织相关科技人员编撰"浙江农作物种质资源"丛书。本丛书分6卷，共收录了2030份农作物种质资源，其中水稻和油料作物165份、旱粮作物279份、豆类作物319份、大宗蔬菜559份、特色蔬菜187份、果树521份。丛书描述了每份种质资源的名称、学名、采集地、主要特征特性、优异特性与利用价值、濒危状况及保护措施建议等，多数种质资源在抗病性、抗逆性、品质等方面有较大优势，或富含功能因子、观赏价值等，对基础研究具有较高的科学价值，必将在种业发展、乡村振兴等方面发挥巨大作用。

    本套丛书集科学性、系统性、实用性、资料性于一体，内容丰富，图文并茂，既可作为农作物种质资源领域的科技专著，又可供从事作物育种和遗传资源研究人员、大专院校师生、农业技术推广人员、种植户等参考。

　　由于浙江省农作物种质资源的多样性和复杂性，资料难以收全，尽管在编撰和统稿过程中注意了数据的补充、核实和编撰体例的一致性，但限于著者水平，书中不足之处在所难免，敬请广大读者不吝指正。

浙江省农业科学院院长　林福呈

2022 年 2 月

目　录

第 一 章

绪 论

　　中国是世界上栽培果树最古老、种类最多的国家，种质资源丰富。新中国成立以来，组织开展了多次大规模、专业的农作物资源考察（包含果树），其中除2015年至今的"第三次全国农作物种质资源普查与收集行动"外，规模最大和影响最深远的是1956~1957年和1979~1983年的两次全国普查行动。此外，还有西藏（1981~1984年）、三峡库区（1981~1988年）、大巴山区（1991~1995年）、黔南桂西山区（1991~1995年）、三峡库区（1991~1995年）、赣南（1991~1995年）、粤北山区（1996~1999年）、沿海地区（2008~2010年）等包含果树在内的农作物资源考察；组织开展了多次果树种质资源专项考察，如全国猕猴桃种质资源考察（1978~1989年）、西北罐桃种质资源考察（1978~1989年）、全国山楂种质资源考察（1978~1984年）、全国李杏种质资源考察（1981~1988年）和全国果树农家品种考察与收集（2013~2019年）等。截至目前，全国共设立了21个国家级果树种质资源圃，保存的果树种质资源达2.3万余份，位居世界第二，包括许多野生种、半野生种、农家品种等濒危资源。

　　浙江省地处亚热带中部，属季风性湿润气候，生态类型多样，野生及栽培果树种质资源丰富，名、特、优水果品类繁多。其中，广泛栽培的常绿果树主要有柑橘、杨梅、枇杷及香榧等，广泛栽培的落叶果树主要有桃、梨、梅、李、枣、柿、葡萄、猕猴桃、杏、樱桃、石榴及山核桃、板栗等，还有草莓等草本果树。据《浙江统计年鉴2021》，2020年全省果园面积31.885万hm²，总产量755.27万t。其中，柑橘为浙江省第一大果树（种植面积8.886万hm²，产量191.75万t），其次是杨梅（种植面积8.800万hm²，产量65.50万t）和桃（种植面积3.124万hm²，产量48.18万t）。近年来，受城镇化、工业化快速发展的影响，耕地与山林面积逐步减少，导致大量地方品种快速消失或即将消失。因此，全面普查浙江省果树种质资源，抢救性收集和保护珍稀、濒危农作物野生种质资源和特色地方品种，鉴定、评价、发掘优异基因，对丰富浙江省果树种质资源的遗传多样性，为育种产业发展提供新资源、新基因，具有重要意义。

　　浙江省按照农业部（现农业农村部）"第三次全国农作物种质资源普查与收集行动"统一部署，2017年全面开展农作物种质资源的普查与收集工作。浙江省农业厅（现浙江省农业农村厅）印发了《浙江省农作物种质资源普查与收集行动实施方案》（浙农专发〔2017〕34号），浙江省农业科学院印发了《第三次全国农作物种质资源普查与收集行动浙江省农业科学院实施方案》。对浙江省63个县（市、区）开展各类农作物种质资源的全面普查，征集各类古老、珍稀、特有、名优的作物地方品种和野生近缘植物种质资源。在此基础上，选择20个农作物种质资源丰富的县（市、区）进行农作物种质资源的系统调查，明确种质资源的特征特性、地理分布、历史演变、栽培方式、利用价值、濒危状况和保护利用情况。对收集到的种质资源进行扩繁和基本生物学特征特性鉴定评价，编写"浙江农作物种质资源"丛书等。

　　浙江省农业科学院：组建由粮作、蔬菜、园艺、牧草等专业技术人员组成的系统调查队伍，参与全省63个普查县（市、区）农作物种质资源的普查和征集工作，重点负责20个调查县（市、区）的系统调查和抢救性收集。浙江省种子管理总站：负责组织全省63个普查县（市、区）农作物种质资源的全面普查和征集，参与组织普查与征集人员的培训，建立省级种质资源普查与调查数据库。市种子管理站：负责汇总辖区内各普查县（市、区）提交的普查信息，审核通过后提交省种子管理总站。县级农业农村局：承担本县（市、区）农作物种质资源的全面普查和征集，组织普查人员对辖区内的种质资源进行普查，并将数据录入数据库，按要求将征集的农作物种质资源送交浙江省农业科学院。其他相关科研机构：根据农作物种质资源的类别和系统调查的实际需求，邀请浙江省农业科学院有关专业技术人员参与农作物种质资源的系统调查和抢救性收集。2017～2020年，直接参加本项目的工作人员800多人，共培训3300多人次，开展座谈会300多次，对63个县（市、区）进行了普查，走访了11个地市69个县（市、区）476个乡（镇）931个村委会，访问了3500多位村民和100多位基层干部、农技人员，总行程7万多公里。

本书收录了分别采集自浙江省11个地市的521份果树种质资源，主要包括梨、枇杷、柿、桃、李、杏和梅、杨梅、枣、樱桃、石榴、葡萄、猕猴桃、板栗、锥栗、柑橘等20余种果树。其中，杭州市83份（富阳区25份、建德市23份、淳安县13份、临安区6份、桐庐县10份、萧山区6份），宁波市72份（奉化区28份、宁海县20份、象山县14份、余姚市10份），温州市44份（瑞安市11份、苍南县11份、乐清市6份、瓯海区5份、平阳县3份、文成县3份、泰顺县3份、永嘉县1份、洞头区1份），绍兴市45份（诸暨市23份、上虞区10份、嵊州市5份、新昌县7份），湖州市35份（长兴县27份、德清县4份、安吉县3份、吴兴区1份），嘉兴市5份（桐乡市4份、嘉善县1份），金华市58份（武义县17份、磐安县13份、兰溪市8份、永康市9份、浦江县7份、义乌市3份、东阳市1份），衢州市47份（柯城区9份、衢江区15份、常山县8份、开化县6份、龙游县8份、江山市1份），台州市64份（仙居县35份、路桥区13份、黄岩区6份、玉环市8份、临海市1份、三门县1份），丽水市57份（莲都区7份、龙泉市2份、青田县2份、缙云县5份、遂昌县4份、云和县13份、庆元县13份、景宁畲族自治县11份），舟山市11份（定海区10份、普陀区1份）。由浙江省农业科学院主持本书编写，邀请相关学科专家和育种家分种类撰写。

第 二 章

浙江省仁果类果树种质资源

第一节　梨

1 建德严州雪梨

【学　名】Rosaceae（蔷薇科）*Pyrus*（梨属）*Pyrus pyrifolia*（砂梨）。
【采集地】浙江省杭州市建德市。

【主要特征特性】叶缘锐锯齿，叶背无茸毛，幼叶黄绿色，部分显淡红褐色。杭州地区3月底至4月初盛花，花蕾淡粉红色；花瓣圆形，重叠。建德市果实7月底至8月初成熟，倒圆锥形，果皮黄绿色，多锈斑，果点大且明显。平均可溶性固形物含量11.4%，平均单果重262.0g。

【优异特性与利用价值】有一定鲜食价值。感梨锈病和黑斑病，无育种应用前景。

【濒危状况及保护措施建议】分布在村庄主干道边，无专人管护，随时都有被砍伐破坏的危险。建议在国家/省级资源圃内无性繁殖异地保存的同时，列入古树名木目录，加强在原生地的保护与管理。

2 宁海豆梨

【学　名】Rosaceae（蔷薇科）Pyrus（梨属）Pyrus pyrifolia（砂梨）。
【采集地】浙江省宁波市宁海县。

【主要特征特性】叶缘圆锯齿，叶基椭圆形，叶尖渐尖。果实极小，果皮黑褐色，2心室，浙江宁海地区果实10月上中旬成熟，平均单果重0.7g。

【优异特性与利用价值】高抗梨锈病。无鲜食价值，可作梨品种砧木使用，可作为砂梨起源研究材料。

【濒危状况及保护措施建议】在野生林间零星分布。建议在国家/省级资源圃内无性繁殖异地保存。

3 宁海黄焦梨
【学　名】Rosaceae（蔷薇科）Pyrus（梨属）Pyrus pyrifolia（砂梨）。
【采集地】浙江省宁波市宁海县。

【主要特征特性】果实扁圆形，较端正。果皮黄褐色，果点小，5心室，果肉白色，肉质粗、硬、酸涩、石细胞极多，有木栓。浙江宁海地区10月中下旬成熟。平均可溶性固形物含量13.7%，平均单果重301.8g。

【优异特性与利用价值】极晚熟，果形端正，在晚熟品种选育方面有一定利用价值。

【濒危状况及保护措施建议】分布在村庄主干道边的洼地，已被建筑垃圾围填大半，随时都有死亡危险。建议在国家/省级资源圃内无性繁殖异地保存的同时，列入古树名木目录，加强在原生地的保护与管理。

4 宁海山塘梨
【学　名】Rosaceae（蔷薇科）*Pyrus*（梨属）*Pyrus pyrifolia*（砂梨）。
【采集地】浙江省宁波市宁海县。

【主要特征特性】叶缘锐锯齿，叶基心形，叶尖渐尖。果皮黄褐色，果心较大，近梗端。平均单果重150.0g。

【优异特性与利用价值】鲜食品质差，抗性有待观察。

【濒危状况及保护措施建议】为失管果园中生长出的砧木萌蘖。建议在国家/省级资源圃内无性繁殖异地保存。

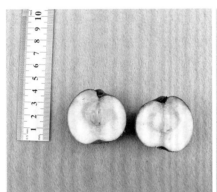

5 奉化沙梨

【学　名】Rosaceae（蔷薇科）*Pyrus*（梨属）*Pyrus pyrifolia*（砂梨）。
【采集地】浙江省宁波市奉化区。

【主要特征特性】幼叶黄绿色；成熟叶片叶缘锐锯齿，叶基椭圆形，叶尖长渐尖，叶背无茸毛。

【优异特性与利用价值】鲜食与抗性品质有待观察。

【濒危状况及保护措施建议】树体高大，树龄较长，分布在村庄废弃民房边，随时有被破坏的风险。建议在国家/省级资源圃内无性繁殖异地保存的同时，加强原生地保护。

6 武义酒坛梨

【学　名】Rosaceae（蔷薇科）*Pyrus*（梨属）*Pyrus pyrifolia*（砂梨）。

【采集地】浙江省金华市武义县。

【主要特征特性】叶缘钝锯齿，叶基截形，叶尖渐尖，叶背无茸毛。果实纺锤形；果皮黄褐色；萼片脱落，萼洼浅、平滑，梗洼无；5心室，果心近中位；果肉白色，肉质粗、硬、少汁，涩味重，鲜食品质差。室温下放置10天左右后熟，肉质软糯似豆沙，甜。浙江武义地区9月中旬成熟，平均可溶性固形物含量12.2%，平均单果重193.6g。

【优异特性与利用价值】果实较大且有后熟的过程，可作为研究砂梨起源及果实品质演化的材料。

【濒危状况及保护措施建议】树体高大，基部直径约1m，仅剩3株，分布在村庄边的半山腰台地上，已列入当地的古树名木保护目录，立牌建档。周围坡地水土流失现象较明显。建议在国家/省级资源圃内异地无性繁殖保存的同时，进一步加强在原生地的保护与管理。

7 景宁晚稻梨

【学　名】Rosaceae（蔷薇科）Pyrus（梨属）Pyrus pyrifolia（砂梨）。

【采集地】浙江省丽水市景宁畲族自治县。

【主要特征特性】树势强旺，树姿直立；萌芽力强，成枝力弱。叶片椭圆形，叶尖急尖，叶基宽楔形。果实圆形；果皮黄绿色，多锈斑；果点中等大而疏、灰褐色，萼片残存；果柄长；果心大，5心室；果肉乳白色，肉质中粗，脆，汁液较多，味酸甜，品质中下等。常温下果实可贮藏7～10天。在浙江景宁地区，果实9月上旬成熟。

【优异特性与利用价值】鲜食品质一般，果实成熟期迟、耐贮放，可作晚熟耐贮亲本。丰产性一般。

【濒危状况及保护措施建议】分布在村舍边，树体高大粗壮，基部直径约1m，树龄较长。建议在国家/省级资源圃内无性繁殖异地保存的同时，列入古树名木目录，进一步加强在原生地的保护与管理。

8 景宁金钟雪梨

【学 名】Rosaceae（蔷薇科）*Pyrus*（梨属）*Pyrus pyrifolia*（砂梨）。
【采集地】浙江省丽水市景宁畲族自治县。

【主要特征特性】树势强旺，树姿半开张，萌芽力强，成枝力弱。叶片卵圆形，叶尖急尖，叶基心形。果实近圆形；果皮黄绿色；果点中等大而密，灰褐色，萼片残存；果柄中等长；果心中等大，5心室；果肉乳白色，肉质细、酥脆，汁液较多，味酸甜。在浙江景宁地区，果实8月中旬成熟。平均可溶性固形物含量12.1%，平均单果重110.0g。

【优异特性与利用价值】鲜食风味有特色，抗性有待观察。品质中等，常温下果实可贮藏7~10天。可作内在品质改良亲本。

【濒危状况及保护措施建议】分布在村庄主干道边，无专人管护，树体受虫蛀严重，随时有死亡危险。建议在国家/省级资源圃内无性繁殖异地保存的同时，列入古树名木目录，加强在原生地的保护与管理。

9 庆元苹果梨

【学　名】Rosaceae（蔷薇科）*Pyrus*（梨属）*Pyrus pyrifolia*（砂梨）。
【采集地】浙江省丽水市庆元县。

【主要特征特性】树势强旺，树姿半开张，萌芽力强，成枝力强，丰产。一年生枝黄褐色。叶片卵圆形，叶尖渐尖，叶基圆形。花蕾淡黄绿色。果实长圆形；果皮浅绿色，阳面无着色；果点大而密、褐色，萼片残存；果柄中等长；果心中等大，5心室；果肉乳白色，肉质细、松脆，汁液多，味甜，无香味。在浙江庆元地区，果实7月上旬成熟。平均单果重210g。

【优异特性与利用价值】品质中上等，常温下可贮藏30天。可作为晚熟亲本。

【濒危状况及保护措施建议】零星分布在村舍边野地，无专人管护，随时都有被砍伐破坏的危险。建议在国家/省级资源圃内无性繁殖异地保存的同时，加强在原生地的保护与管理。

10 庆元野生梨1号

【学 名】Rosaceae（蔷薇科）*Pyrus*（梨属）*Pyrus pyrifolia*（砂梨）。

【采集地】浙江省丽水市庆元县。

【主要特征特性】叶缘锐锯齿，叶背无茸毛，叶基圆形，叶尖急尖。果实葫芦形；果皮黄绿色，多锈斑；果肉白色；5心室，果心中等大，近萼端。萼片脱落/残存。浙江庆元地区8月中旬成熟。平均单果重260.0g。

【优异特性与利用价值】果形较大，树体抗性有待观察。可作为大果形砂梨遗传演化研究材料。

【濒危状况及保护措施建议】分布在农田道边，无专人管护，随时都有被砍伐破坏的危险。建议在国家/省级资源圃内无性繁殖异地保存的同时，加强在原生地的保护与管理。

11 庆元野生梨2号

【学　名】Rosaceae（蔷薇科）*Pyrus*（梨属）*Pyrus pyrifolia*（砂梨）。

【采集地】浙江省丽水市庆元县。

【主要特征特性】叶缘锐锯齿，叶背无茸毛，叶基圆形，叶尖渐尖。果实圆形；果皮黄褐色；果肉乳黄色；果心大，近萼端。萼片脱落。庆元地区8月中旬成熟，成熟果肉有木栓化现象。平均可溶性固形物含量11.5%，平均单果重105.0g。

【优异特性与利用价值】果实内在品质有明显缺陷，树体抗性有待观察。

【濒危状况及保护措施建议】分布在村舍边，树体较小，无专人管护。建议在国家/省级资源圃内无性繁殖异地保存的同时，加强在原生地的保护与管理。

12 庆元野生梨3号

【学　名】Rosaceae（蔷薇科）*Pyrus*（梨属）*Pyrus pyrifolia*（砂梨）。
【采集地】浙江省丽水市庆元县。

【主要特征特性】叶缘锐锯齿，叶背无茸毛，叶基圆形，叶尖急尖。果实圆形，果形端正；果皮黄绿色，果点不明显，少锈斑；果肉白色；果心中等大，近萼端，5心室；萼片脱落。浙江庆元地区8月中旬成熟。平均可溶性固形物含量12.6%，平均单果重126.0g。

【优异特性与利用价值】果实内在品质与树体抗性有待观察。

【濒危状况及保护措施建议】分布在村庄主干道边的田埂上，无专人管护，随时都有被砍伐破坏的危险。建议在国家/省级资源圃内无性繁殖异地保存的同时，加强在原生地的保护与管理。

13 庆元软梨

【学　名】Rosaceae（蔷薇科）*Pyrus*（梨属）*Pyrus pyrifolia*（砂梨）。

【采集地】浙江省丽水市庆元县。

【主要特征特性】叶缘锐锯齿，叶背无茸毛，叶基阔楔形，叶尖长尾尖。果实长圆形；果皮黄绿色，多锈斑；果点暗褐色，较明显；梗洼无，萼洼浅；果肉白色，果心小，近萼端，5心室；萼片残存。浙江庆元地区8月中旬成熟。平均可溶性固形物含量12.4%，平均单果重210.0g。

【优异特性与利用价值】果实内在品质与树体抗性有待观察。

【濒危状况及保护措施建议】分布在野树林内，无专人管护，随时都有被砍伐破坏的危险。建议在国家/省级资源圃内无性繁殖异地保存。

14 衢州苹果梨

【学　名】Rosaceae（蔷薇科）*Pyrus*（梨属）*Pyrus pyrifolia*（砂梨）。

【采集地】浙江省衢州市衢江区。

【主要特征特性】叶缘锐锯齿，叶背无茸毛，叶基圆形，叶尖渐尖。果实圆形；果皮黄绿色，有锈斑；梗洼无，萼洼浅，萼片残存；果肉白色；果心中等大。浙江衢州地区8月中下旬成熟。平均可溶性固形物含量11.7%，平均单果重125.0g。

【优异特性与利用价值】果实内在品质与树体抗性有待观察。

【濒危状况及保护措施建议】分布在村庄主干道边，无专人管护，树体破坏严重，随时都有被砍伐的危险。建议在国家/省级资源圃内无性繁殖异地保存的同时，加强在原生地的保护与管理。

15 磐安野梨

【学　名】Rosaceae（蔷薇科）*Pyrus*（梨属）*Pyrus pyrifolia*（砂梨）。
【采集地】浙江省金华市磐安县。

【主要特征特性】叶缘钝锯齿，叶基圆形，叶尖急尖，成熟叶片叶背无茸毛。果实圆形，极小，果皮暗褐色，萼片脱落。浙江磐安地区9月底成熟。平均单果重0.8g。

【优异特性与利用价值】无鲜食价值，可作梨品种砧木使用。

【濒危状况及保护措施建议】分布在溪边陡峭岩壁上，2020年树体已被台风破坏。建议在国家/省级资源圃内无性繁殖异地保存。

16 磐安冬梨
【学　名】Rosaceae（蔷薇科）*Pyrus*（梨属）*Pyrus pyrifolia*（砂梨）。
【采集地】浙江省金华市磐安县。

【主要特征特性】叶缘锐锯齿，叶基圆形，叶尖渐尖。果实近圆形；果皮绿黄色，多锈斑，果点黄褐色，较明显；梗洼浅、极窄，萼洼深度中、广度中；果肉乳白色，5心室，肉质粗、脆、涩味重，汁液中等。浙江磐安地区9月中下旬成熟。平均可溶性固形物含量12.5%，平均单果重578.3g。

【优异特性与利用价值】果实硕大，果形较端正，内在品质尚可，成熟期迟。可作晚熟、大果形品种选育亲本。

【濒危状况及保护措施建议】分布在村舍边，有人管护。树体较大，建议在国家/省级资源圃内无性繁殖异地保存的同时，列入当地古树名木目录，以加强在原生地的保护与管理。

17 诸暨同贡梨

【学　名】Rosaceae（蔷薇科）*Pyrus*（梨属）*Pyrus pyrifolia*（砂梨）。
【采集地】浙江省绍兴市诸暨市。

【主要特征特性】叶缘钝锯齿，叶基阔楔形，叶尖渐尖，成熟叶片叶背无茸毛。果实圆形，果形极小；果皮暗褐色，萼片脱落；2～3心室，以2心室为主。浙江诸暨地区9月底成熟。平均单果重2.0g。

【优异特性与利用价值】无鲜食价值，可作梨品种砧木使用，可作为砂梨起源研究材料。

【濒危状况及保护措施建议】分布在山区游步道边，无专人管护，随时都有被砍伐破坏的危险。建议在国家/省级资源圃内无性繁殖异地保存的同时，加强在原生地的保护与管理。

18 诸暨菊花梨

【学　名】Rosaceae（蔷薇科）*Pyrus*（梨属）*Pyrus pyrifolia*（砂梨）。
【采集地】浙江省绍兴市诸暨市。

【主要特征特性】幼叶褐红色，叶背具茸毛；成熟叶片叶缘钝锯齿，叶基圆形，叶尖渐尖，叶背无茸毛。果实5心室。

【优异特性与利用价值】果实内在品质与树体抗性有待观察。

【濒危状况及保护措施建议】分布在村庄主干道边的洼地，无专人管护，大部分树体已被砍伐破坏。建议在国家/省级资源圃内无性繁殖异地保存的同时，加强在原生地的保护与管理。

19 诸暨秋白梨　【学　名】Rosaceae（蔷薇科）*Pyrus*（梨属）*Pyrus pyrifolia*（砂梨）。
　【采集地】浙江省绍兴市诸暨市。

【主要特征特性】叶缘锐锯齿，叶基圆形，叶尖长尾尖；成熟叶片叶背无茸毛。果实圆形；果皮黄绿色，有锈斑，果点黄褐色，密，较明显；梗洼浅、窄，萼洼深度中、广度中；果肉白色，5心室，涩味重，石细胞多。浙江诸暨地区9月中下旬成熟。平均单果重89.0g。

【优异特性与利用价值】果实鲜食品质差，成熟期迟，中抗梨锈病。可作为抗性材料用于育种。

【濒危状况及保护措施建议】分布在村庄主干道边，无专人管护，树体高大。建议在国家/省级资源圃内无性繁殖异地保存的同时，加强在原生地的保护与管理。

20 诸暨野生梨

【学　名】Rosaceae（蔷薇科）Pyrus（梨属）Pyrus pyrifolia（砂梨）。

【采集地】浙江省绍兴市诸暨市。

【主要特征特性】叶缘锐锯齿，叶基圆形，叶尖急尖；成熟叶片叶背无茸毛。果实圆形；果皮黄褐色至红褐色，果点浅黄褐色，密，较明显；梗洼深度中、广度中，萼洼深度中、广度中；果肉乳黄色，5心室，果心较大，近萼端，肉质酸、稍涩、粗、硬。浙江诸暨地区9月中旬成熟。平均可溶性固形物含量10.9%，平均单果重83.1g。

【优异特性与利用价值】果实鲜食品质差，成熟期迟，中抗梨锈病。可作为抗性材料用于育种。

【濒危状况及保护措施建议】分布在村舍边，树体高大，无专人管护，部分树体已被砍伐破坏。建议在国家/省级资源圃内无性繁殖异地保存的同时，列入古树名木目录，加强在原生地的保护与管理。

21 诸暨黄樟梨

【学 名】 Rosaceae（蔷薇科）*Pyrus*（梨属）*Pyrus pyrifolia*（砂梨）。
【采集地】 浙江省绍兴市诸暨市。

【主要特征特性】 幼叶黄绿色，有少量暗红褐色的色素沉积，正反面及幼嫩新梢表面覆盖有白色茸毛。成熟叶片叶基圆形，叶尖急尖，叶缘锐锯齿，叶背无茸毛。果实近圆形，暗绿黄色，多锈斑且在果梗处较集中；梗洼浅、窄，萼洼窄；萼片脱落；果肉乳白色，3～5心室，以5心室为主；风味甜，不酸，肉质粗、硬，鲜食品质一般。浙江诸暨地区9月下旬成熟。平均可溶性固形物含量11.1%，平均单果重130.7g。

【优异特性与利用价值】 抗性较好，果实品质一般，晚熟。可作晚熟抗病品种选育的亲本。

【濒危状况及保护措施建议】 紧靠在废弃村舍墙边，无专人管护，随时都有被破坏的危险。建议在国家/省级资源圃内无性繁殖异地保存的同时，列入古树名木目录，加强在原生地的保护与管理。

22 诸暨黄边梨

【学　名】Rosaceae（蔷薇科）Pyrus（梨属）Pyrus pyrifolia（砂梨）。
【采集地】浙江省绍兴市诸暨市。

【主要特征特性】幼叶背面及嫩梢表面覆盖有黄褐色茸毛。成熟叶片叶基圆形，叶尖渐尖，叶缘具锐锯齿，叶背覆盖有黄褐色茸毛。果实圆形至椭圆形，绿黄色，多锈斑且在果梗周围较集中，果点浅黄褐色，大且明显；果肉白色，成熟果肉有木栓化现象；5心室，果心中等大，近萼端；风味甜酸，多汁，肉质粗、脆。浙江诸暨地区9月下旬成熟。平均可溶性固形物含量13.5%，平均单果重172.5g。

【优异特性与利用价值】果实鲜食品质较好，晚熟。可作晚熟品种选育亲本。

【濒危状况及保护措施建议】分布在村舍边，无专人管护，部分树体已被砍伐破坏。建议在国家/省级资源圃内无性繁殖异地保存的同时，列入古树名木目录，加强在原生地的保护与管理。

23 诸暨梅梨1号
【学　名】Rosaceae（蔷薇科）*Pyrus*（梨属）*Pyrus pyrifolia*（砂梨）。
【采集地】浙江省绍兴市诸暨市。

【主要特征特性】成熟叶片叶基阔楔形，叶尖渐尖，叶缘具圆锯齿，背面无茸毛。果实圆形；果皮暗褐色，果点浅褐色；果肉乳白色，易褐变；5心室，果心中等大，近萼端；梗洼浅、窄，萼洼浅；萼片脱落；风味涩，肉质粗、硬，鲜食品质差。浙江诸暨地区9月中下旬成熟。平均单果重29.6g。

【优异特性与利用价值】具后熟特性，中抗梨锈病。可作为砂梨果实品质形成及演化起源研究材料。

【濒危状况及保护措施建议】分布在村庄主干道边的岩壁上，无专人管护，随时都有被砍伐破坏的危险。建议在国家/省级资源圃内无性繁殖异地保存的同时，列入古树名木目录，加强在原生地的保护与管理。

24 诸暨梅梨2号

【学　名】Rosaceae（蔷薇科）*Pyrus*（梨属）*Pyrus pyrifolia*（砂梨）。
【采集地】浙江省绍兴市诸暨市。

【主要特征特性】成熟叶片叶基阔楔形，叶尖渐尖，叶缘无锯齿，背面无茸毛。果实圆形；果皮暗红褐色，果点黄褐色；果柄基部具肉质；果肉乳白色，易褐变；5心室，果心中等大，近萼端；梗洼浅、窄，萼洼浅；萼片脱落；风味涩，肉质粗、硬，鲜食品质差。浙江诸暨地区9月下旬成熟。平均单果重27.9g。

【优异特性与利用价值】具后熟特性，中抗梨锈病。可作为砂梨果实品质形成及演化起源研究材料。

【濒危状况及保护措施建议】分布在野生密林中，无专人管护，随时都有被砍伐破坏的危险。建议在国家/省级资源圃内无性繁殖异地保存的同时，加强在原生地的保护与管理。

25 诸暨豆梨

【学　名】Rosaceae（蔷薇科）*Pyrus*（梨属）*Pyrus pyrifolia*（砂梨）。
【采集地】浙江省绍兴市诸暨市。

【主要特征特性】成熟叶片叶基阔楔形至圆形，叶尖渐尖，叶缘无锯齿，背面无茸毛。果实长圆形，果形极小；果皮暗红褐色；萼洼浅；萼片脱落。浙江诸暨地区9月下旬成熟。平均单果重1.5g。

【优异特性与利用价值】无鲜食价值，可作梨品种砧木使用，可作为砂梨起源研究材料。

【濒危状况及保护措施建议】分布在深山密林中，无专人管护，随时都有被砍伐破坏的危险。建议在国家/省级资源圃内无性繁殖异地保存。

26 仙居柴家梨

【学　名】Rosaceae（蔷薇科）*Pyrus*（梨属）*Pyrus pyrifolia*（砂梨）。
【采集地】浙江省台州市仙居县。

【主要特征特性】幼叶红褐色，正反面及嫩梢表面具白色茸毛；成熟叶片叶基圆形，叶尖渐尖，叶缘具锐锯齿，正反面无茸毛。幼果绿色，果点黄褐色，较明显。浙江仙居地区10月中下旬成熟。平均可溶性固形物含量12.5%，平均单果重250.0g。

【优异特性与利用价值】果实内在品质与树体抗性有待观察。

【濒危状况及保护措施建议】紧靠村舍墙边及道路，无专人管护，随时都有被砍伐破坏的危险。建议在国家/省级资源圃内无性繁殖异地保存的同时，加强在原生地的保护与管理。

27 仙居蒲梨
【学　名】Rosaceae（蔷薇科）*Pyrus*（梨属）*Pyrus pyrifolia*（砂梨）。
【采集地】浙江省台州市仙居县。

【主要特征特性】成熟叶片叶基圆形，叶尖渐尖，叶缘具圆锯齿，正反面无茸毛，叶面平展。幼果黄绿色，果点褐色，有锈斑且在果梗处较集中。浙江仙居地区10月中下旬成熟。

【优异特性与利用价值】果实内在品质与树体抗性有待观察。

【濒危状况及保护措施建议】分布在村道边，无专人管护，随时都有被砍伐破坏的危险。建议在国家/省级资源圃内无性繁殖异地保存的同时，加强在原生地的保护与管理。

28 仙居冬梨

【学 名】Rosaceae（蔷薇科）*Pyrus*（梨属）*Pyrus pyrifolia*（砂梨）。

【采集地】浙江省台州市仙居县。

【主要特征特性】成熟叶片叶缘具锐锯齿，叶基圆形，叶尖渐尖，背面无茸毛。果实近圆形；果皮黄绿色，果点黄褐色，锈斑多；梗洼浅、窄；萼片脱落。浙江仙居12月上旬成熟。平均单果重256.0g。

【优异特性与利用价值】果实内在品质与树体抗性有待观察。成熟期极晚，可作为果实成熟期研究材料。

【濒危状况及保护措施建议】分布在野林地中，无专人管护，随时都有被砍伐破坏的危险。建议在国家/省级资源圃内无性繁殖异地保存。

29 仙居小果山棠梨

【学　名】Rosaceae（蔷薇科）*Pyrus*（梨属）*Pyrus pyrifolia*（砂梨）。
【采集地】浙江省台州市仙居县。

【主要特征特性】成熟叶片叶缘具锐锯齿，叶基圆形，叶尖渐尖，背面无茸毛。果实近圆形；果皮暗褐色，果点黄褐色；梗洼浅、窄；萼片脱落；果肉淡黄色，肉质粗、硬，酸涩，鲜食品质差；5心室。浙江台州地区9月上旬成熟。平均单果重14.8g。

【优异特性与利用价值】无鲜食价值，可作梨品种砧木使用，可作为砂梨起源研究材料。

【濒危状况及保护措施建议】分布在村间小道边，无专人管护，随时都有被砍伐破坏的危险。建议在国家/省级资源圃内无性繁殖异地保存。

30 仙居大果山棠梨

【学　名】Rosaceae（蔷薇科）*Pyrus*（梨属）*Pyrus pyrifolia*（砂梨）。
【采集地】浙江省台州市仙居县。

【主要特征特性】成熟叶片叶缘具锐锯齿，叶基圆形，叶尖渐尖，背面无茸毛。果实需后熟，后熟后的果肉石细胞多，无涩味，少汁，粉质。浙江仙居10月上中旬成熟。平均单果重150.0g。

【优异特性与利用价值】果实内在品质与树体抗性有待观察。

【濒危状况及保护措施建议】分布在村间小道边的密林中，无专人管护，随时都有被砍伐破坏的危险。建议在国家/省级资源圃内无性繁殖异地保存。

31 仙居野生梨1号

【学　名】Rosaceae（蔷薇科）*Pyrus*（梨属）*Pyrus pyrifolia*（砂梨）。
【采集地】浙江省台州市仙居县。

【主要特征特性】成熟叶片叶缘具锐锯齿，叶基圆形，叶尖渐尖，背面无茸毛。果皮黄绿色，多锈斑；果实5心室，风味甜，汁多，无渣。浙江仙居地区8月中旬成熟。

【优异特性与利用价值】感梨锈病。果实内在品质有待观察。

【濒危状况及保护措施建议】紧靠在村舍墙边，无专人管护，树体高大，随时都有被砍伐破坏的危险。建议在国家/省级资源圃内无性繁殖异地保存的同时，加强在原生地的保护与管理。

32 仙居野生梨2号

【学　名】Rosaceae（蔷薇科）*Pyrus*（梨属）*Pyrus pyrifolia*（砂梨）。
【采集地】浙江省台州市仙居县。

【主要特征特性】成熟叶片叶缘具锐锯齿，叶基圆形，叶尖渐尖，背面无茸毛。果皮绿色，有锈斑；果实5心室，葫芦形，汁多，淡甜。浙江仙居地区10月上中旬成熟。

【优异特性与利用价值】中抗梨锈病。果实内在品质与树体抗性有待观察。

【濒危状况及保护措施建议】分布在村舍边的斜坡地，无专人管护，树体已严重倾斜，随时有倒塌危险。建议在国家/省级资源圃内无性繁殖异地保存。

33 仙居野生梨3号

【学　名】Rosaceae（蔷薇科）*Pyrus*（梨属）*Pyrus pyrifolia*（砂梨）。
【采集地】浙江省台州市仙居县。

【主要特征特性】幼叶绿色，叶背及嫩梢表面有茸毛；成熟叶片叶缘具锐锯齿，叶基圆形，叶尖渐尖，叶背无茸毛。果皮褐色，较光滑，果心较大（占1/3），味甜、多汁、多渣。浙江仙居10月上中旬成熟。

【优异特性与利用价值】感梨锈病。果实内在品质有待观察。

【濒危状况及保护措施建议】分布在村舍边，无专人管护，随时都有被砍伐破坏的危险。建议在国家/省级资源圃内无性繁殖异地保存。

34 仙居雪梨

【学　名】Rosaceae（蔷薇科）*Pyrus*（梨属）*Pyrus pyrifolia*（砂梨）。

【采集地】浙江省台州市仙居县。

【主要特征特性】幼叶黄绿色，成熟叶片叶缘具锐锯齿，叶基圆形，叶尖渐尖，背面无茸毛。果实圆形，果皮褐色，5心室，肉质脆甜多汁，石细胞少。浙江仙居地区10月下旬成熟。大果形，平均单果重500.0g。

【优异特性与利用价值】果实内在品质与树体抗性有待观察。

【濒危状况及保护措施建议】分布在村舍边，有人管护，树体高大。建议在国家/省级资源圃内无性繁殖异地保存的同时，列入古树名木目录，加强在原生地的保护与管理。

35 临安糠梨
【学　名】Rosaceae（蔷薇科）*Pyrus*（梨属）*Pyrus pyrifolia*（砂梨）。
【采集地】浙江省杭州市临安区。

【主要特征特性】新梢黄绿色。成熟叶片叶缘具锐锯齿，叶基截形，叶尖渐尖。果实葫芦形，最大横径位置近萼部；果皮绿色，果点暗褐色，极大且密度高；梗部有凸起，梗洼浅、窄；萼片脱落；果肉白色，风味酸涩，肉质多渣、多汁、松脆；5心室，果心小，近萼端。浙江临安地区10月上旬成熟。平均可溶性固形物含量10.5%，平均单果重897.7g。

【优异特性与利用价值】极晚熟，特大果形，在晚熟品种选育方面有一定利用价值。

【濒危状况及保护措施建议】分布在村舍院内，有人管护。建议在国家/省级资源圃内无性繁殖异地保存的同时，列入古树名木目录，加强在原生地的保护与管理。

36 临安雪梨
【学　名】Rosaceae（蔷薇科）Pyrus（梨属）Pyrus pyrifolia（砂梨）。
【采集地】浙江省杭州市临安区。

【主要特征特性】成熟叶片叶缘具锐锯齿，叶基截形，叶尖渐尖。果实短颈葫芦形，最大横径位置近萼部；果皮黄绿色，果点暗褐色，小且密，果面多锈斑并在梗洼与萼洼处集中；3～5心室，以5心室为主；果肉白色，多汁、松脆，有酸味。浙江临安地区10月上旬成熟。平均可溶性固形物含量9.9%，平均单果重350.0g。

【优异特性与利用价值】极晚熟，内在品质较优，初步表现为对梨锈病的抗性较好。可作晚熟梨品质育种的亲本。

【濒危状况及保护措施建议】分布在村舍边，树体高大。建议在国家/省级资源圃内无性繁殖异地保存的同时，列入古树名木目录，加强在原生地的保护与管理。

37 舟山霜梨

【学 名】Rosaceae（蔷薇科）*Pyrus*（梨属）*Pyrus pyrifolia*（砂梨）。

【采集地】浙江省舟山市定海区。

【主要特征特性】成熟叶片叶缘具锐锯齿，叶基截形，叶尖渐尖，叶背无茸毛。果实短颈葫芦形，套不透光袋子，果皮黄色，多暗褐色锈斑；萼片脱落；5心室，果心较小，近萼端；肉质粗，味甜多汁，不易褐变。浙江舟山地区8月底成熟。平均可溶性固形物含量13.5%，平均单果重403.3g。

【优异特性与利用价值】成熟期迟，内在品质一般，果形较大，当地用于制作梨膏糖。抗性有待观察。可作为地方特色资源保留。

【濒危状况及保护措施建议】分布在村舍路边，树体健壮，有人管护。建议在国家/省级资源圃内无性繁殖异地保存的同时，列入古树名木目录，进一步加强在原生地的保护与管理。

38 富阳野梨

【学　名】Rosaceae（蔷薇科）*Pyrus*（梨属）*Pyrus pyrifolia*（砂梨）。

【采集地】浙江省杭州市富阳区。

【主要特征特性】成熟叶片叶缘具锐锯齿，叶基圆形，叶尖渐尖，背面无茸毛。果实圆形，果皮褐色，萼片大部分脱落。浙江富阳地区10月下旬成熟，果形小。

【优异特性与利用价值】无鲜食价值，可作梨品种砧木使用。可用作砂梨起源演化研究材料。

【濒危状况及保护措施建议】分布在半荒废的茶园内，树体已被砍伐破坏。建议在国家/省级资源圃内无性繁殖异地保存。

39 富阳霉棠梨（小菊花）
【学　名】Rosaceae（蔷薇科）*Pyrus*（梨属）*Pyrus pyrifolia*（砂梨）。
【采集地】浙江省杭州市富阳区。

【主要特征特性】果实扁圆形，果皮褐色，果点小且密。梗洼浅，果柄长（约5cm），萼洼浅，萼片大部分脱落。果肉淡黄色，肉质酸甜多渣，可带皮鲜食，无涩味，易褐变。4～5心室，以5心室为主。小果形，浙江富阳地区10月中下旬成熟。平均可溶性固形物含量10.8%，平均单果重45.8g。

【优异特性与利用价值】果皮无涩味是其优异特性。抗性有待观察。当地习惯蒸、煮或自然后熟后食用。可用作砂梨果实品质形成研究的材料。

【濒危状况及保护措施建议】分布在半荒废的茶园内，树体已部分被砍伐破坏，随时有死亡的危险。建议在国家/省级资源圃内无性繁殖异地保存。

40 富阳霉棠梨（鸭蛋青）

【学　名】Rosaceae（蔷薇科）*Pyrus*（梨属）*Pyrus pyrifolia*（砂梨）。
【采集地】浙江省杭州市富阳区。

【主要特征特性】成熟叶片叶缘具圆锯齿，叶基圆形，叶尖渐尖，背面无茸毛。果皮褐色，果实多长圆形似鸭蛋，果肉淡黄色，酸涩味极重，多渣，少汁，易褐变。4～5心室，以5心室为主。浙江富阳地区10月上旬成熟。平均可溶性固形物含量8.9%，平均单果重53.1g。

【优异特性与利用价值】鲜食品质差，当地习惯蒸着吃。果实易感轮纹病，不耐贮藏。可用作砂梨起源演化研究材料。

【濒危状况及保护措施建议】分布在半荒废的茶园内，树体高大，无专人管护，随时都有被砍伐破坏的危险。建议在国家/省级资源圃内无性繁殖异地保存的同时，列入古树名木目录，加强在原生地的保护与管理。

41 富阳霉棠梨（大菊花）

【学　名】Rosaceae（蔷薇科）Pyrus（梨属）Pyrus pyrifolia（砂梨）。
【采集地】浙江省杭州市富阳区。

【主要特征特性】成熟叶片叶缘具圆锯齿，叶基圆形，叶尖急尖，叶背无茸毛。果实圆形至长圆形，果皮褐色，果点灰褐色，小且密。5心室，果心较小。果肉淡黄色，涩味少，可带皮鲜食，树上后熟后，软糯，酸甜，少汁，少渣，品质好。成熟果肉存在木栓化/空腔现象。浙江富阳地区10月上旬成熟。平均可溶性固形物含量11.1%，平均单果重72.5g。

【优异特性与利用价值】果形圆整，果皮无涩味是其优异特性。当地习惯蒸、煮或自然后熟后食用。可用作砂梨果实品质形成研究的材料。可直接开发生产。

【濒危状况及保护措施建议】分布在茶园内，无专人管护，随时都有被砍伐破坏的危险。建议在国家/省级资源圃内无性繁殖异地保存的同时，列入古树名木目录，加强在原生地的保护与管理。

42 富阳霉棠梨（何喷香）

【学　名】Rosaceae（蔷薇科）*Pyrus*（梨属）*Pyrus pyrifolia*（砂梨）。
【采集地】浙江省杭州市富阳区。

【主要特征特性】成熟叶片叶缘具圆锯齿，叶基圆形，叶尖急尖，叶背无茸毛。果实圆形至长圆形；果皮褐色至红褐色；果点灰褐色，中等大且密；梗洼浅且窄，萼洼浅，萼片残存；5心室；果肉乳白色，酸涩。浙江富阳地区10月上旬成熟。平均可溶性固形物含量12.1%，平均单果重65.5g。

【优异特性与利用价值】鲜食品质差，抗性有待观察。可用作砂梨起源演化研究材料。

【濒危状况及保护措施建议】分布在菜地边，无专人管护，随时都有被砍伐破坏的危险。建议在国家/省级资源圃内无性繁殖异地保存。

43 桐庐豆梨
【学　名】Rosaceae（蔷薇科）*Pyrus*（梨属）*Pyrus pyrifolia*（砂梨）。
【采集地】浙江省杭州市桐庐县。

【主要特征特性】果实圆形，果皮暗褐色，萼片脱落。果形极小。浙江桐庐地区10月下旬成熟。

【优异特性与利用价值】无鲜食价值，可作梨品种砧木使用，可作为砂梨起源研究材料。

【濒危状况及保护措施建议】分布在野林道边，无专人管护，随时都有被砍伐破坏的危险。建议在国家/省级资源圃内无性繁殖异地保存。

44 桐庐蒲瓜梨

【学　名】Rosaceae（蔷薇科）*Pyrus*（梨属）*Pyrus pyrifolia*（砂梨）。
【采集地】浙江省杭州市桐庐县。

【主要特征特性】成熟叶片叶缘具锐锯齿，叶基截形，叶尖急尖，叶背无茸毛。果实短颈葫芦形，最大横径近萼部。果皮黄绿色，少锈斑。萼片残存。梗洼浅且窄，萼洼中深。浙江桐庐地区9月上旬成熟，果形较大。平均单果重510.0g。

【优异特性与利用价值】为大果形、晚熟资源。果实品质和树体抗性有待进一步观察。可作晚熟亲本加以利用。

【濒危状况及保护措施建议】分布在村舍院中，有人管护。建议在国家/省级资源圃内无性繁殖异地保存的同时，列入古树名木目录，加强在原生地的保护与管理。

45 平阳雪梨

【学　名】Rosaceae（蔷薇科）Pyrus（梨属）Pyrus pyrifolia（砂梨）。
【采集地】浙江省温州市平阳县。

【主要特征特性】成熟叶片叶缘具锐锯齿，叶基圆形，叶尖渐尖，叶背无茸毛。果实长圆形，果皮黄绿色，少锈斑。果皮薄，果肉细，果心小，不易褐变，口感清淡。5心室，萼片脱落。浙江温州平阳地区9月上旬成熟。

【优异特性与利用价值】当地用盐水泡后，治疗咽喉痛、发热等，效果好。抗性和果实品质有待进一步观察。

【濒危状况及保护措施建议】分布在野林地中，无专人管护，树体与攀缘植物共生，随时都有被破坏的危险。建议在国家/省级资源圃内无性繁殖异地保存。

46 平阳晚梨

【学 名】Rosaceae（蔷薇科）Pyrus（梨属）Pyrus pyrifolia（砂梨）。
【采集地】浙江省温州市平阳县。

【主要特征特性】成熟叶片叶缘具锐锯齿，叶基圆形，叶尖渐尖至急尖。果实短纺锤形，果皮绿色，少锈斑，果点明显。果心较大，5心室。梗洼极浅且平，果梗基部无肉质。浙江温州平阳地区11月中旬成熟。大果形，平均单果重520.0g。

【优异特性与利用价值】风味浓，成熟期迟。果实内在品质与树体抗性有待观察。

【濒危状况及保护措施建议】分布在梯田埂上，树体高大，无专人管护，随时都有被砍伐破坏的危险。建议在国家/省级资源圃内无性繁殖异地保存的同时，列入古树名木目录，加强在原生地的保护与管理。

47 文成瓠瓜梨

【学　名】Rosaceae（蔷薇科）*Pyrus*（梨属）*Pyrus pyrifolia*（砂梨）。
【采集地】浙江省温州市文成县。

【主要特征特性】幼叶暗红褐色，密被茸毛；成熟叶片叶缘具圆锯齿，叶基圆形，叶尖渐尖，叶背无茸毛。温州地区3月底盛花，花蕾白色偏淡黄，花瓣圆形、重叠，花药颜色淡，色素沉积少。果实短颈葫芦形，果皮黄绿色，果点暗褐色，大且密，果面有锈斑并在近梗端集中。梗洼浅且窄，萼洼广、浅，萼片残存。果肉白色，肉质细、紧实，汁液少，偏酸，风味浓郁可口。大果，单果重均在500.0g以上。浙江温州地区9月底10月初成熟。平均可溶性固形物含量13.4%，平均单果重610.2g。

【优异特性与利用价值】为晚熟、优质、大果形特色资源。可作晚熟品种改良的亲本。

【濒危状况及保护措施建议】在当地有小规模种植。建议同时在国家/省级资源圃内无性繁殖异地保存。

48 泰顺柴头梨

【学　名】Rosaceae（蔷薇科）*Pyrus*（梨属）*Pyrus pyrifolia*（砂梨）。
【采集地】浙江省温州市泰顺县。

【主要特征特性】成熟叶片叶缘具锐锯齿，叶基圆形，叶尖渐尖，叶背无茸毛。果实长圆形，果柄较短，果皮褐色，果点浅褐色，大且密。浙江温州泰顺地区9月上旬成熟。
【优异特性与利用价值】果实内在品质与树体抗性有待观察。
【濒危状况及保护措施建议】分布在村庄主干道边，无专人管护，随时都有被砍伐破坏的危险。建议在国家/省级资源圃内无性繁殖异地保存。

49 乐清蒲瓜梨1号

【学　名】Rosaceae（蔷薇科）*Pyrus*（梨属）*Pyrus pyrifolia*（砂梨）。
【采集地】浙江省温州市乐清市。

【主要特征特性】果实近圆形，果皮黄绿色，多锈斑且在梗洼周围聚集。果点褐色，小且密，较明显。梗洼浅、窄。果肉白色，果心较小。浙江温州乐清地区9月下旬成熟。

【优异特性与利用价值】果实内在品质与树体抗性有待观察。

【濒危状况及保护措施建议】建议在国家/省级资源圃内无性繁殖异地保存。

50 乐清蒲瓜梨2号

【学　名】Rosaceae（蔷薇科）*Pyrus*（梨属）*Pyrus pyrifolia*（砂梨）。

【采集地】浙江省温州市乐清市。

【主要特征特性】浙江温州乐清地区9月下旬成熟。无叶片、果实照片及相关数据。

【优异特性与利用价值】果实内在品质与树体抗性有待观察。

【濒危状况及保护措施建议】建议在国家/省级资源圃内无性繁殖异地保存。

51 新昌梅梨

【学 名】Rosaceae（蔷薇科）*Pyrus*（梨属）*Pyrus pyrifolia*（砂梨）。
【采集地】浙江省绍兴市新昌县。

【主要特征特性】果实形状不整齐，从扁圆形至长圆形都有，果皮黄绿色，多锈斑，果点灰褐色，细小且密。浙江绍兴新昌地区10月上旬成熟。

【优异特性与利用价值】果实内在品质与树体抗性有待观察。

【濒危状况及保护措施建议】建议在国家/省级资源圃内无性繁殖异地保存。

52 新昌苏秦梨

【学 名】Rosaceae（蔷薇科）*Pyrus*（梨属）*Pyrus pyrifolia*（砂梨）。

【采集地】浙江省绍兴市新昌县。

【主要特征特性】成熟叶圆形，叶缘具锐锯齿，叶基圆形，叶尖渐尖。果实圆形，果皮黄绿色，有锈斑。一年生枝条灰褐色，皮孔数量中，叶芽离生。浙江新昌地区7月下旬成熟。

【优异特性与利用价值】果实内在品质与树体抗性有待观察。

【濒危状况及保护措施建议】为具有多年种植历史的地方品种，目前只有几株，零星分布在村庄主干道边，无专人管护，随时都有被砍伐破坏的危险。建议在国家/省级资源圃内无性繁殖异地保存的同时，列入古树名木目录，加强在原生地的保护与管理。

53 嵊州白霉梨

【学　名】Rosaceae（蔷薇科）*Pyrus*（梨属）*Pyrus pyrifolia*（砂梨）。
【采集地】浙江省绍兴市嵊州市。

【主要特征特性】幼叶黄绿色，略显褐红色。嵊州地区3月中旬开花，花蕾白色，花瓣圆形、相接。果实卵圆形，果皮绿黄色，多锈斑（全果分布），果点灰褐色，小且密；梗洼浅且窄，果梗无肉质，萼片脱落；5～6心室，果心较大，近萼端。浙江嵊州地区9月中下旬成熟。平均单果重160.2g。

【优异特性与利用价值】为晚熟、优质、大果形特色资源。可作晚熟品种改良的亲本。

【濒危状况及保护措施建议】分布在村庄主干道边，已列入当地古树名木目录。建议在国家/省级资源圃内无性繁殖异地保存的同时，进一步加强在原生地的保护与管理。

54 嵊州秋白梨

【学　名】Rosaceae（蔷薇科）*Pyrus*（梨属）*Pyrus pyrifolia*（砂梨）。
【采集地】浙江省绍兴市嵊州市。

【主要特征特性】树体高大，胸径50cm以上。幼叶褐红色；成熟叶片叶缘具锐锯齿，叶基圆形，叶尖急尖。嵊州地区3月中旬开花，花蕾白色，花瓣圆形、相接，雄蕊紫红色。果实圆形至卵圆形，果皮绿色，多黑灰色锈斑（全果分布），果点黄褐色，小。梗洼浅且窄，果梗有肉质，萼片脱落。5心室，果心近萼端。成熟果肉有木栓化现象。浙江嵊州地区9月中下旬成熟。

【优异特性与利用价值】为晚熟、优质、大果形特色资源。可作晚熟品种改良的亲本。

【濒危状况及保护措施建议】分布在村庄主干道边，无专人管护。建议在国家/省级资源圃内无性繁殖异地保存的同时，列入古树名木目录，以加强在原生地的保护与管理。

55 嵊州香子霉梨
【学　名】Rosaceae（蔷薇科）Pyrus（梨属）Pyrus pyrifolia（砂梨）。
【采集地】浙江省绍兴市嵊州市。

【主要特征特性】树体高大，胸径1m以上。嵊州市3月中旬开花，花蕾白色，略带粉红色，花瓣圆形、分离。果实圆形，果皮褐色，果肉黄色。4心室，萼片残存。浙江嵊州地区9月中下旬成熟。平均单果重21.9g。

【优异特性与利用价值】无鲜食价值，需后熟后食用。树体抗性有待观察。可用作砂梨起源演化研究材料。

【濒危状况及保护措施建议】分布在村庄主干道边，无专人管护，随时都有被砍伐破坏的危险。建议在国家/省级资源圃内无性繁殖异地保存的同时，列入古树名木目录，加强在原生地的保护与管理。

56 浦江黄梅梨

【学 名】Rosaceae（蔷薇科）*Pyrus*（梨属）*Pyrus pyrifolia*（砂梨）。
【采集地】浙江省金华市浦江县。

【主要特征特性】成熟叶片叶缘具圆锯齿，叶基圆形，叶尖长尾尖，叶背无茸毛。果实长圆形，果皮红褐色，果点灰褐色，小且密。梗洼极浅且窄，果梗无肉质，萼片宿存，萼洼光滑。5心室，果心中等大，近萼端。果肉淡黄色，易褐变，肉质粗、少汁，风味苦涩，鲜食品质差。浙江浦江地区10月上旬成熟。平均可溶性固形物含量12.5%，平均单果重66.1g。

【优异特性与利用价值】后熟后肉质软糯，可养胃护胃，适合糖尿病患者食用。当地有规模种植，并以其为原料开发了果酒。高抗梨锈病。可用作砂梨起源演化研究材料。

【濒危状况及保护措施建议】在当地有规模种植。建议在国家/省级资源圃内无性繁殖异地保存。

57 浦江大梅梨

【学　名】Rosaceae（蔷薇科）Pyrus（梨属）Pyrus pyrifolia（砂梨）。

【采集地】浙江省金华市浦江县。

【主要特征特性】成熟叶片叶缘具锐锯齿，叶基圆形，叶尖长尾尖，叶背无茸毛。果实圆锥形，果皮黄褐色，果点灰褐色，小且密。梗洼极浅且窄，果柄短，果梗无肉质，萼片残存，萼洼肋状隆起。5心室，果心中等大，近萼端。果肉淡黄色，易褐变，肉质粗、少汁，风味苦涩，鲜食品质差。浙江浦江地区10月上旬成熟。平均可溶性固形物含量11.4%，平均单果重199.3g。

【优异特性与利用价值】果形较大，后熟后肉质软糯，可养胃护胃，适合糖尿病患者食用。当地有规模种植，并以其为原料开发了果酒。高抗梨锈病。可用作砂梨起源演化研究材料。

【濒危状况及保护措施建议】在当地有规模种植。建议在国家/省级资源圃内无性繁殖异地保存。

58 浦江白霉梨　【学　名】Rosaceae（蔷薇科）*Pyrus*（梨属）*Pyrus pyrifolia*（砂梨）。
【采集地】浙江省金华市浦江县。

【主要特征特性】果实葫芦形，最大横径近萼端。果皮暗黄褐色，密布锈斑。果梗基部肉质膨大明显，梗洼无。果心中等大，近萼端。5心室。后熟后食用酸甜味浓，肉质细，成熟果肉有木栓化现象。浙江浦江地区10月上旬成熟。平均可溶性固形物含量13.6%，平均单果重235.6g。

【优异特性与利用价值】为晚熟、优质特色资源。与砂梨的生物学特征差异较大，来源尚不清楚。

【濒危状况及保护措施建议】在当地有规模种植。建议在国家/省级资源圃内无性繁殖异地保存。

59 磐安饭梨

【学　名】Rosaceae（蔷薇科）*Pyrus*（梨属）*Pyrus pyrifolia*（砂梨）。

【采集地】浙江省金华市磐安县。

【主要特征特性】树体高大，胸径1.2m，树形完整。成熟叶片叶缘具圆锯齿，叶基圆形，叶尖急尖，叶背无茸毛。果实长圆形，果皮暗褐色，梗洼浅且窄，果梗无肉质。萼片残存。3心室，果心中等大，近中位。果肉淡黄色，肉质粗、硬，涩味重。浙江磐安地区9月下旬至10月上旬成熟。

【优异特性与利用价值】鲜食品质差，抗性有待观察。可用作砂梨起源演化研究材料。

【濒危状况及保护措施建议】分布在村边的田间地头，无专人管护，随时都有被砍伐破坏的危险。建议在国家/省级资源圃内无性繁殖异地保存的同时，列入古树名木目录，加强在原生地的保护与管理。

60 磐安选梨

【学　名】Rosaceae（蔷薇科）*Pyrus*（梨属）*Pyrus pyrifolia*（砂梨）。
【采集地】浙江省金华市磐安县。

【主要特征特性】成熟叶片叶缘具圆锯齿，叶基圆形，叶尖急尖，叶背无茸毛。果实圆形，果皮暗褐色，梗洼浅且窄，果梗长（约5cm），无肉质。萼片脱落。浙江磐安地区9月下旬至10月上旬成熟。平均单果重3.5g。

【优异特性与利用价值】无鲜食价值，可作梨品种砧木使用，可作为砂梨起源研究材料。

【濒危状况及保护措施建议】分布在溪边陡坡上，无专人管护，随时都有被砍伐破坏的危险。建议在国家/省级资源圃内无性繁殖异地保存。

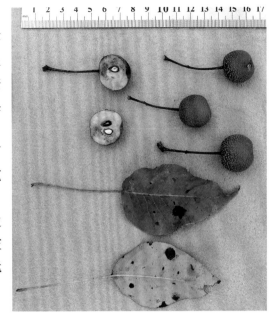

61 龙游梨
【学　名】Rosaceae（蔷薇科）*Pyrus*（梨属）*Pyrus pyrifolia*（砂梨）。

【采集地】浙江省衢州市龙游县。

【主要特征特性】成熟叶圆形，叶基心形，叶尖急尖。一年生枝条褐色，皮孔数量少，叶芽离生。

【优异特性与利用价值】果实内在品质与树体抗性有待观察。

【濒危状况及保护措施建议】分布在野林中，无专人管护，随时都有被砍伐破坏的危险。建议在国家/省级资源圃内无性繁殖异地保存。

62 玉环杜梨

【学　名】Rosaceae（蔷薇科）*Pyrus*（梨属）*Pyrus pyrifolia*（砂梨）。
【采集地】浙江省台州市玉环市。

【主要特征特性】树体高大。幼叶绿色，正反面及叶柄皆密被白色茸毛。浙江玉环地区3月上旬开花，花蕾纯白色，花瓣椭圆形、离生，雄蕊紫色。果实10月中旬成熟，果实较小、圆形，果皮黄褐色，萼片残存。

【优异特性与利用价值】无鲜食价值，可作梨品种砧木使用，可作为砂梨起源研究材料。

【濒危状况及保护措施建议】分布在村舍院中。建议在国家/省级资源圃内无性繁殖异地保存的同时，列入古树名木目录，加强在原生地的保护与管理。

63 丽水棠梨

【学　名】Rosaceae（蔷薇科）*Pyrus*（梨属）*Pyrus pyrifolia*（砂梨）。

【采集地】浙江省丽水市莲都区。

【主要特征特性】树体高大。成熟叶片叶缘具圆锯齿，叶基圆形，叶尖长尾尖，叶背无茸毛。果实扁圆形至圆形，果皮暗褐色，果面有棱沟。果梗较长，梗洼极浅，萼片脱落。果肉淡黄色，4心室。浙江丽水地区10月上旬成熟。

【优异特性与利用价值】无鲜食价值，食用需后熟，可作梨品种砧木使用，可作为砂梨起源研究材料。

【濒危状况及保护措施建议】分布在村舍院中。建议在国家/省级资源圃内无性繁殖异地保存的同时，列入古树名木目录，加强在原生地的保护与管理。

64 缙云野生棠梨

【学　名】Rosaceae（蔷薇科）Pyrus（梨属）Pyrus pyrifolia（砂梨）。
【采集地】浙江省丽水市缙云县。

【主要特征特性】成熟叶片叶缘具圆锯齿，叶基圆形，叶尖长尾尖，叶背无茸毛。果实圆形。果皮黄褐色，果梗较长，梗洼浅，萼片脱落。果肉淡黄色，3心室。浙江缙云地区9月底10月初成熟。平均单果重9.9g。

【优异特性与利用价值】无鲜食价值，可作梨品种砧木使用，可作为砂梨起源研究材料。

【濒危状况及保护措施建议】分布在野林中，无专人管护，随时都有被砍伐破坏的危险。建议在国家/省级资源圃内无性繁殖异地保存。

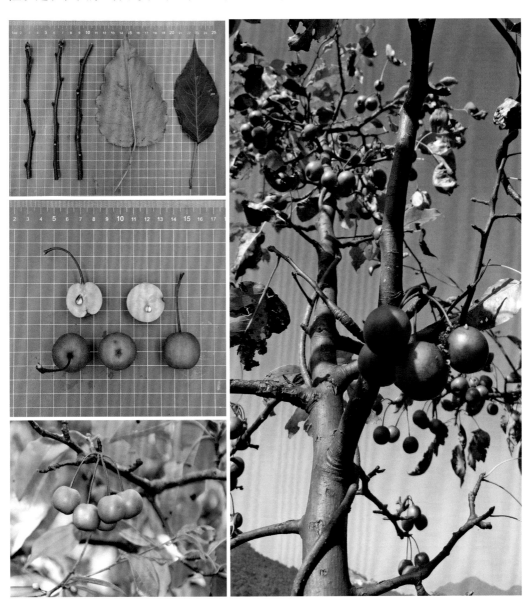

65 缙云鸡喔棠梨

【学　名】Rosaceae（蔷薇科）*Pyrus*（梨属）*Pyrus pyrifolia*（砂梨）。
【采集地】浙江省丽水市缙云县。

【主要特征特性】成熟叶片叶缘具圆锯齿，叶基圆形，叶尖长尾尖，叶背无茸毛。果实扁圆形；果皮深褐色；果梗较长，梗洼浅；萼片脱落。果实极小，2心室。浙江缙云地区9月底10月初成熟。平均单果重0.7g。

【优异特性与利用价值】无鲜食价值，可作梨品种砧木使用，可作为砂梨起源研究材料。

【濒危状况及保护措施建议】分布在野林中，无专人管护，随时都有被砍伐破坏的危险。建议在国家/省级资源圃内无性繁殖异地保存。

66 云和细花雪梨

【学 名】Rosaceae（蔷薇科）*Pyrus*（梨属）*Pyrus pyrifolia*（砂梨）。
【采集地】浙江省丽水市云和县。

【主要特征特性】果实近圆形；果皮黄绿色，果面具蜡质，有锈斑；果点黄褐色，较明显；果梗基部无肉质，梗洼浅且窄，有肋状隆起；5心室；果肉白色，肉质松脆、稍粗，汁液丰富，甜，略有涩味，果皮涩味浓。浙江云和地区9月下旬成熟。大果形，平均单果重610.0g。

【优异特性与利用价值】为晚熟、优质、大果形特色资源。可作晚熟品种改良的亲本。

【濒危状况及保护措施建议】在当地有规模种植。建议在国家/省级资源圃内无性繁殖异地保存。

67 云和八月梨

【学　名】Rosaceae（蔷薇科）*Pyrus*（梨属）*Pyrus pyrifolia*（砂梨）。

【采集地】浙江省丽水市云和县。

【主要特征特性】果实扁圆形至圆形；果皮绿黄色，果面具蜡质，有锈斑；果点黄褐色，较明显；果心中等大，近萼端；果肉白色。浙江云和地区9月下旬成熟。

【优异特性与利用价值】为晚熟特色资源，果实内在品质有待观察。中抗梨锈病。

【濒危状况及保护措施建议】在当地有零星分布。建议在国家/省级资源圃内无性繁殖异地保存。

68 云和酸梨

【学　名】Rosaceae（蔷薇科）*Pyrus*（梨属）*Pyrus pyrifolia*（砂梨）。
【采集地】浙江省丽水市云和县。

【主要特征特性】成熟叶片叶缘具圆锯齿，叶基圆形，叶尖渐尖。果实圆形；果皮绿色，果面具蜡质、少锈斑；果点淡褐色、中等大、较密；果梗基部无肉质，梗洼浅，略有肋状隆起；萼片脱落；5心室，果心近萼端；果肉白色。浙江云和地区9月下旬成熟。平均单果重298.0g。

【优异特性与利用价值】为晚熟特色资源，果实内在品质与树体抗性有待观察。

【濒危状况及保护措施建议】在当地有零星分布。建议在国家/省级资源圃内无性繁殖异地保存。

69 云和粗花雪梨

【学　名】Rosaceae（薔薇科）*Pyrus*（梨属）*Pyrus pyrifolia*（砂梨）。
【采集地】浙江省丽水市云和县。

【主要特征特性】成熟叶片叶缘具锐锯齿，叶基圆形，叶尖渐尖，叶背无茸毛。果实短颈葫芦形，最大直径近萼部；果皮绿色，果面具蜡质、有锈斑且在梗洼处聚集；果点黄褐色，小、疏；果心较小；果肉白色。浙江云和地区9月下旬成熟。

【优异特性与利用价值】为晚熟特色资源，果实内在品质与树体抗性有待观察。

【濒危状况及保护措施建议】在当地有零星分布。已列入当地古树名木目录，建议在国家/省级资源圃内无性繁殖异地保存。

70 云和锄头梨

【学　名】Rosaceae（蔷薇科）*Pyrus*（梨属）*Pyrus pyrifolia*（砂梨）。
【采集地】浙江省丽水市云和县。

【主要特征特性】果实近圆形；果皮暗红褐色；果梗基部无肉质；果肉乳白色，成熟果肉有木栓化现象。浙江云和地区9月下旬成熟。

【优异特性与利用价值】果实内在品质与树体抗性有待观察。

【濒危状况及保护措施建议】分布在村舍边山坡地上，无专人管护，随时都有被砍伐破坏的危险。建议在国家/省级资源圃内无性繁殖异地保存的同时，列入古树名木目录，加强在原生地的保护与管理。

71 云和瓠梨

【学 名】Rosaceae（蔷薇科）*Pyrus*（梨属）*Pyrus pyrifolia*（砂梨）。

【采集地】浙江省丽水市云和县。

【主要特征特性】果实近圆形；果皮暗红褐色；果梗基部无肉质；5心室；果肉乳白色，成熟果肉有木栓化现象。浙江云和地区9月下旬成熟。

【优异特性与利用价值】果实内在品质与树体抗性有待观察。

【濒危状况及保护措施建议】分布在梯田果园内，有人管护。建议在国家/省级资源圃内无性繁殖异地保存。

72 云和灰梨　【学　名】Rosaceae（蔷薇科）*Pyrus*（梨属）*Pyrus pyrifolia*（砂梨）。
【采集地】浙江省丽水市云和县。

【主要特征特性】果实扁圆形；果皮黄褐色；果点淡褐色，大且密；梗洼深、窄，果梗基部无肉质；萼洼浅、平、光滑，萼片残存；5心室，果心近萼端；果肉白色。浙江丽水地区9月下旬成熟。平均单果重155.9g。

【优异特性与利用价值】鲜食品质一般，树体抗性有待观察。可作为晚熟资源保存。

【濒危状况及保护措施建议】在当地有零星分布。已列入当地古树名木目录，建议在国家/省级资源圃内无性繁殖异地保存。

73 云和甜梨

【学　名】Rosaceae（蔷薇科）*Pyrus*（梨属）*Pyrus pyrifolia*（砂梨）。
【采集地】浙江省丽水市云和县。

【主要特征特性】果实扁圆形至长圆形；果皮绿色（套不透光袋后呈黄色）；果点明显，少锈斑；果心中等大，近萼端；果肉白色。浙江云和地区9月下旬成熟。

【优异特性与利用价值】为晚熟特色资源，果实内在品质与树体抗性有待观察。

【濒危状况及保护措施建议】分布在村道边，树体主干枯烂严重，随时有死亡危险。建议在国家/省级资源圃内无性繁殖异地保存的同时，列入当地古树名木目录，加强在原生地的保护与管理。

第二节　枇　　杷

1 红皮枇杷

【学　名】Rosaceae（蔷薇科）*Eriobotrya*（枇杷属）*Eriobotrya japonica*（枇杷）。

【采集地】浙江省杭州市淳安县。

【主要特征特性】乔木。树势中庸，半开张，中心干不明显。叶片多卵圆形，叶尖渐尖，叶脉明显，叶色绿，有光泽。在淳安县，花期较晚，能持续开花到2月上旬。果实6月上旬成熟。

【优异特性与利用价值】丰产，抗性好。果实以鲜食为主，品质优良。可作为枇杷种质资源保存。

【濒危状况及保护措施建议】在淳安县各乡镇仅少数农户零星种植，已很难收集到，建议异位妥善保存。

2 马目枇杷

【学　名】Rosaceae（蔷薇科）*Eriobotrya*（枇杷属）*Eriobotrya japonica*（枇杷）。
【采集地】浙江省杭州市建德市。

【主要特征特性】树势强健，树姿直立。叶质中等，叶色浓绿，有光泽，叶背密生褐色茸毛。初花期在12月。果实成熟期在5月下旬至6月上旬。为黄肉品种，果形较大，果皮橙黄色，果肉橙黄色。

【优异特性与利用价值】抗性好，果形大，品质良好，可作为枇杷种质资源保存。

【濒危状况及保护措施建议】当地特色品种，在当地有一定的种植面积，可作为枇杷种质资源妥善保存。

3 宁海白

【学　名】Rosaceae（蔷薇科）Eriobotrya（枇杷属）Eriobotrya japonica（枇杷）。

【采集地】浙江省宁波市宁海县。

【主要特征特性】乔木。树势中庸。现蕾期为9月下旬到10月上旬，盛花期在11月。果实5月底成熟，果实着生时多开展，一穗上各果粒间大小整齐。果实倒卵圆形，平均单果重32.0g左右，平均种子数2.7粒，可食率77.4%。果面呈淡黄色，果皮易剥落，果肉白色稍带乳黄色，肉质细嫩，汁液多，味鲜甜且浓，平均可溶性固形物含量14.0%左右。

【优异特性与利用价值】品质优良，口感佳，品质上等，但是抗逆性较差，产量不稳定，可用作枇杷育种材料，也可作为生产性主要栽培品种。

【濒危状况及保护措施建议】起源于浙江省宁海县，目前为浙江省白沙主栽品种之一，在设施内或者冻害较轻的地区可以大面积推广发展。

4 宁海大红袍

【学　名】Rosaceae（蔷薇科）*Eriobotrya*（枇杷属）*Eriobotrya japonica*（枇杷）。
【采集地】浙江省宁波市宁海县。

【主要特征特性】又名'红种'，是浙江省红沙主栽品种之一。树势强健。叶片多呈长椭圆形，叶色绿且有光泽。花穗呈圆锥形。初花期在10月底，盛花期在11月中旬，盛花末期在12月上旬，终花期在1月上旬。果实成熟期在5月底或6月初，果穗上各果粒着生时多开展而垂挂，较疏松。果实呈正圆形或扁圆形，平均纵横径为4.13cm×4.22cm，平均单果重39.1g，各果粒间大小、形状整齐一致。果面呈浓橙红色，果皮厚且强韧，容易剥落；果肉呈浓橙红色，肉质较粗且致密，汁液中等，风味偏甜，平均可溶性固形物含量12.3%，可食率72.9%。

【优异特性与利用价值】生长势强，抗性好，丰产稳定，大小年不明显，果形整齐，可用作枇杷育种材料。

【濒危状况及保护措施建议】目前为浙江省红沙主栽品种之一，品质一般，建议少量发展。

5 弁山枇杷

【学　名】Rosaceae（蔷薇科）Eriobotrya（枇杷属）Eriobotrya japonica（枇杷）。
【采集地】浙江省湖州市长兴县。

【主要特征特性】乔木。树势中庸，中心不明显。叶片披针形，平均长度24.2cm，平均宽度8.1cm，叶长和叶宽比值约为3.0；叶尖渐尖，叶缘锯齿深、密，全锯齿；叶片深绿色，叶面较光亮，叶脉明显，叶背茸毛少，灰黄色，叶面形态稍皱。盛花期为10月。果实6月上旬成熟，果皮黄色，果肉白色，味甜，品质良好。

【优异特性与利用价值】地方特色资源，品质良好，可作为种质资源保存。

【濒危状况及保护措施建议】仅少数农户零星种植，已很难收集到，建议异位妥善保存。

6 仰峰枇杷

【学　名】Rosaceae（蔷薇科）*Eriobotrya*（枇杷属）*Eriobotrya japonica*（枇杷）。
【采集地】浙江省湖州市长兴县。

【主要特征特性】乔木。树势弱，直立，中心干不明显。叶片多披针形，叶尖渐尖，叶脉明显，叶色深绿，有光泽，叶缘锯齿深度中等、密度中等。在当地盛花期为10月下旬，果实成熟期为6月上旬。

【优异特性与利用价值】果实以鲜食为主，品质优良。抗病性、抗虫性、丰产性、稳产性好，可作为枇杷种质资源保存。

【濒危状况及保护措施建议】仅少数农户零星种植，已很难收集到，建议异位妥善保存。

7 庆元野生枇杷

【学　名】Rosaceae（蔷薇科）*Eriobotrya*（枇杷属）*Eriobotrya japonica*（枇杷）。
【采集地】浙江省丽水市庆元县。

【主要特征特性】乔木。树势中庸，直立，中心干不明显。叶片多椭圆形，叶尖渐尖，叶脉明显，叶色浓绿，有光泽，叶缘锯齿深度中等、密度中等。盛花期为12月，果实成熟期为5月下旬到6月上旬。果形小，果皮橙红色，果肉橙红色。

【优异特性与利用价值】当地野生资源，果实以鲜食为主，口感较好，丰产性一般。可作为枇杷种质资源保存。

【濒危状况及保护措施建议】浙江省庆元县有1棵野生资源，建议妥善保存。

8 开化白枇杷1号
【学　名】Rosaceae（蔷薇科）Eriobotrya（枇杷属）Eriobotrya japonica（枇杷）。
【采集地】浙江省衢州市开化县。

【主要特征特性】乔木。树势中庸，半开张，中心干不明显。叶片多披针形，叶尖渐尖，叶脉明显，叶色浓绿，有光泽，叶缘锯齿深度中等、密度中等。盛花期为12月，果实成熟期为6月下旬到7月上旬。果形小，果皮浅黄色，果肉乳白色。

【优异特性与利用价值】当地野生资源，品质较好，果实以鲜食为主，口感较好，可作为枇杷种质资源保存。

【濒危状况及保护措施建议】该资源为浙江省开化县野生资源，建议妥善保存。

9 开化白枇杷2号

【学 名】Rosaceae（蔷薇科）*Eriobotrya*（枇杷属）*Eriobotrya japonica*（枇杷）。
【采集地】浙江省衢州市开化县。

【主要特征特性】乔木。树势中庸。叶片多椭圆形，叶尖渐尖，叶脉明显，叶色浓绿，有光泽，叶缘锯齿深度中等、密度中等。盛花期为12月，果实成熟期为6月下旬到7月上旬。果实近圆形，果形小，果皮淡黄色，果肉淡黄色。

【优异特性与利用价值】为当地特色品种，品质较好，果实以鲜食为主，口感较好，可作为枇杷种质资源保存。

【濒危状况及保护措施建议】该资源是1958年从新安江移栽到当地的，1988年再次嫁接扩繁100株左右，建议妥善保存。

10 开化红枇杷1号 【学　名】Rosaceae（蔷薇科）*Eriobotrya*（枇杷属）*Eriobotrya japonica*（枇杷）。
【采集地】浙江省衢州市开化县。

【主要特征特性】乔木。树势中庸。叶片多椭圆形，叶尖渐尖，叶脉明显，叶色浓绿，有光泽，叶缘锯齿深度中等、密度中等。盛花期为12月，果实成熟期为6月下旬到7月上旬。果实近圆形，果形小，果皮橙黄色，果肉橙红色。果实以鲜食为主，口感较好。

【优异特性与利用价值】为当地野生资源，品质较好，可作为枇杷种质资源保存。

【濒危状况及保护措施建议】该资源是浙江省开化县野生资源，建议妥善保存。

11 开化红枇杷2号

【学　名】Rosaceae（蔷薇科）*Eriobotrya*（枇杷属）*Eriobotrya japonica*（枇杷）。
【采集地】浙江省衢州市开化县。

【主要特征特性】乔木。树势中庸。叶片多披针形，叶尖渐尖，叶脉明显，叶色浓绿，有光泽，叶缘锯齿深度中等、密度中等。盛花期为12月，果实成熟期为6月下旬到7月上旬。果实近圆形，果形较大，果皮橙黄色，果肉橙黄色。

【优异特性与利用价值】为当地野生资源，果实以鲜食为主，口感一般，可作为种质资源保存。

【濒危状况及保护措施建议】该资源是浙江省开化县的野生资源，树龄约150年，建议妥善保存。

12 诸暨野生枇杷

【学　名】Rosaceae（蔷薇科）*Eriobotrya*（枇杷属）*Eriobotrya japonica*（枇杷）。
【采集地】浙江省绍兴市诸暨市。

【主要特征特性】乔木。树势强健，半开展，中心干不明显。叶片多披针形，叶尖渐尖，叶脉明显，叶色浓绿，有光泽，叶缘锯齿深度中等、密度中等。果实成熟期为5月下旬。果形小，果皮橙黄色，果肉橙黄色。

【优异特性与利用价值】果实以鲜食为主，品质良好。抗性好，树势强，可作为枇杷种质资源保存。

【濒危状况及保护措施建议】该资源是浙江省诸暨市的1棵野生枇杷，树龄100年以上，建议异位妥善保存。

13 瑞安野生枇杷1号

【学　名】Rosaceae（蔷薇科）*Eriobotrya*（枇杷属）*Eriobotrya japonica*（枇杷）。
【采集地】浙江省温州市瑞安市。

【主要特征特性】乔木。树势强健，直立，中心干明显。叶片多披针形，叶尖渐尖，叶脉明显，叶色深绿，有光泽，叶缘锯齿深度中等、密度中等。在当地盛花期为12月中旬，果实成熟期为5月下旬。

【优异特性与利用价值】果实以鲜食为主，品质优良。抗病性好，抗虫性好，可作为枇杷种质资源保存。

【濒危状况及保护措施建议】浙江省瑞安市仅少数农户零星种植，已很难收集到，建议异位妥善保存。

14 瑞安野生枇杷2号
【学　名】Rosaceae（蔷薇科）*Eriobotrya*（枇杷属）*Eriobotrya japonica*（枇杷）。
【采集地】浙江省温州市瑞安市。

【主要特征特性】乔木。树势强健，半开展，中心干不明显。叶片多倒卵形，叶尖渐尖，叶脉明显，叶色深绿，有光泽，叶缘锯齿深度浅、密度中等。

【优异特性与利用价值】红沙品种，果实以鲜食为主，品质良好。抗病性好，抗虫性好，可作为枇杷种质资源保存。

【濒危状况及保护措施建议】浙江省瑞安市仅留1棵树，树龄80年左右，建议异位妥善保存。

15 武义土枇杷

【学　名】Rosaceae（蔷薇科）*Eriobotrya*（枇杷属）*Eriobotrya japonica*（枇杷）。
【采集地】浙江省金华市武义县。

【主要特征特性】乔木。树势中庸，中心干不明显。叶片披针形，叶片平均长度14.5cm，平均宽度6.5cm，叶长和叶宽比值约为2.2，叶尖渐尖，叶缘锯齿浅，叶色绿，叶面较光亮，叶脉明显，叶背茸毛少，灰黄色，叶面形态稍皱。花期可持续到1月，果实5月成熟。果形大，纵横径为6.0cm×5.0cm，味甜，微酸。

【优异特性与利用价值】特色地方品种，品质良好，可作为种质资源保存。

【濒危状况及保护措施建议】该资源在武义县仅少数农户零星种植，已很难收集到，建议异位妥善保存。

16 富阳枇杷

【学 名】Rosaceae（蔷薇科）*Eriobotrya*（枇杷属）*Eriobotrya japonica*（枇杷）。
【采集地】浙江省杭州市富阳区。

【主要特征特性】农户于50多年前种植在山坡上，种质来源是龙门客栈处的老树所结果实的果核。树势健壮，树势半开张，中心干不明显。夏叶长椭圆形，叶缘锯齿浅，叶色深绿，有光泽，叶肉厚，叶脉间叶肉稍皱。果穗紧密、下垂，5月下旬成熟，果实圆球形，果大小均匀，平均单果重30.0g，果面橙红色，茸毛较多，斑点显著，皮薄易剥，肉细，汁多，味甜鲜。

【优异特性与利用价值】树势强，结果性能好，抗性好，丰产，品质良好，可作为种质资源保存。

【濒危状况及保护措施建议】浙江省特色资源，只有少数农户零星种植，已很难收集到，可作为种质资源妥善保存。

17 嵊州野生枇杷

【学 名】Rosaceae（蔷薇科）Eriobotrya（枇杷属）Eriobotrya japonica（枇杷）。
【采集地】浙江省绍兴市嵊州市。

【主要特征特性】乔木。树势强健，开展，中心干不明显。叶片多披针形，叶尖渐尖，叶脉明显，叶色绿，有光泽，叶缘锯齿深度浅、密度中等。果实成熟期为5月中旬。果形小，果皮橙黄色，果肉橙黄色。

【优异特性与利用价值】果实以鲜食为主，品质良好，丰产性好，高产，抗病，抗虫，抗旱，抗寒，耐贫瘠，可作为枇杷种质资源保存。

【濒危状况及保护措施建议】该资源为浙江省绍兴市嵊州市1棵野生枇杷，树龄100年以上，该树历经百年，仍然开花结果，果实累累，无衰败迹象。独树成林，华盖近$60m^2$。建议异位妥善保存。

18 兰溪大红袍

【学 名】Rosaceae（蔷薇科）*Eriobotrya*（枇杷属）*Eriobotrya japonica*（枇杷）。
【采集地】浙江省金华市兰溪市。

【主要特征特性】果穗上各果粒着生时多开展而垂挂，较疏松。果实呈正圆形或扁圆形，果形较大，平均单果重约45.0g，各果粒间大小、形状整齐一致。果面呈浓橙红色，果皮厚且强韧，容易剥落；果肉呈浓橙红色，肉质较粗且致密，汁液中等，味甜，平均可溶性固形物含量12.0%左右，可食率73.0%左右。盛花期在11月中旬，当地果实成熟期在5月中旬。

【优异特性与利用价值】树势强，结果性能好，抗性好，丰产，抗寒，耐贫瘠，大小年不明显，果形整齐，可作为种质资源保存或在当地适度发展。

【濒危状况及保护措施建议】浙江省特色资源，目前是浙江省红沙枇杷主栽品种之一，可作为种质资源妥善保存或在当地适度发展。

19 硬条白沙

【学 名】Rosaceae（蔷薇科）*Eriobotrya*（枇杷属）*Eriobotrya japonica*（枇杷）。
【采集地】浙江省金华市兰溪市。

【主要特征特性】果穗上果粒着生时多直立，果实呈短卵形或椭圆形，平均纵横径为3.38cm×3.56cm，平均单果重26.9g，各果粒间尚整齐。果面呈淡橙黄色，果皮剥落尚易；果肉黄白色，粗细中等，汁液中等，风味甘酸，平均可溶性固形物含量11.9%。初花期在11月中旬初，盛花期在11月中旬末，盛花末期在12月上旬末，终花期在12月中旬初。果实成熟期在6月上旬中。

【优异特性与利用价值】树势强，结果性能好，抗寒力较强，且较丰产，可作为种质资源保存。

【濒危状况及保护措施建议】浙江省特色资源，在浙江省各地零星栽培，可作为种质资源妥善保存。

20 永康土枇杷

【学　名】Rosaceae（蔷薇科）*Eriobotrya*（枇杷属）*Eriobotrya japonica*（枇杷）。
【采集地】浙江省金华市永康市。

【主要特征特性】树势中庸、直立，中心干不明显。夏叶倒卵形，叶缘锯齿浅，叶色深绿，有光泽，叶脉间叶肉稍皱。果穗松散、下垂，5月下旬成熟。果实多近圆形，果大小均匀，果面橙黄色，果肉橙黄色，品质良好。

【优异特性与利用价值】优质抗寒，可作为种质资源保存。

【濒危状况及保护措施建议】当地特色资源，只有少数农户零星种植，可作为种质资源妥善保存。

21 常山白沙枇杷

【学　名】Rosaceae（蔷薇科）*Eriobotrya*（枇杷属）*Eriobotrya japonica*（枇杷）。
【采集地】浙江省衢州市常山县。

【主要特征特性】乔木。树势中庸。叶片披针形，叶色绿、有光泽，叶缘锯齿浅、密度中等。花穗圆锥形，花序支轴紧密；花瓣白色。果实5月中旬成熟，果实着生时多开展，一穗上各果粒间大小整齐。果实近圆形，果形小，果面呈淡黄色，果肉白色稍带乳黄色，肉质细嫩，汁液多，味鲜甜，品质上等。

【优异特性与利用价值】品质优良，口感佳，高产，抗病，抗虫，可用作枇杷育种材料，也可在当地推广种植。

【濒危状况及保护措施建议】为当地特色资源，有小规模种植。可作为种质资源妥善保存。

22 常山红沙枇杷

【学　名】Rosaceae（蔷薇科）*Eriobotrya*（枇杷属）*Eriobotrya japonica*（枇杷）。
【采集地】浙江省衢州市常山县。

【主要特征特性】乔木。树势中庸。叶片披针形，叶色绿、有光泽，叶缘锯齿浅、密度中等。花穗圆锥形，花序支轴紧密；花瓣白色。果实5月中旬成熟，果实着生姿态直立，一穗上各果粒间大小整齐。果实倒卵形，果形较大，果面橙黄色，果肉橙黄色。

【优异特性与利用价值】品质良好，丰产，抗性好，可作为枇杷育种材料，也可在当地适度发展。

【濒危状况及保护措施建议】为当地特色资源，有农户零星种植。可作为种质资源妥善保存。

23 倒挂枇杷

【学　名】Rosaceae（蔷薇科）*Eriobotrya*（枇杷属）*Eriobotrya japonica*（枇杷）。
【采集地】浙江省台州市路桥区。

【主要特征特性】树势强。叶片平展，椭圆形。果穗上各果粒着生时多垂挂，果粒不整齐，平均单果重12.5g，大者可达20.0g；果顶平广，果基部平广或钝圆；果面浓橙黄色或浓橙红色；果肉橙黄色，肉质柔软致密，汁液中等，肉厚，风味甘酸适中。

【优异特性与利用价值】树势强，抗旱，广适，抗寒，耐热，耐涝，结果性能好，但是果形较小，可作为种质资源保存。

【濒危状况及保护措施建议】浙江省台州市路桥区栽培的较古老的品种之一，目前栽培很少，已很难收集到，建议异位妥善保存。

24 乌儿

【学　名】Rosaceae（蔷薇科）*Eriobotrya*（枇杷属）*Eriobotrya japonica*（枇杷）。

【采集地】浙江省台州市路桥区。

【主要特征特性】树势中等。叶片披针形，叶面绿色、有光泽，叶缘锯齿深度中等、密度中等。花穗多长圆锥形，花序支轴松散，茸毛细密、褐色。果实成熟期在5月下旬。果实椭圆形至长倒卵形，果形中等；果基较尖削，微歪；果面橙黄色；果肉厚，橙黄色，汁液中等，甜酸适度。每果种子平均3粒，卵圆形，种皮棕褐色。

【优异特性与利用价值】丰产，抗旱，抗寒，耐热，耐涝，广适，可作为种质资源保存。

【濒危状况及保护措施建议】当地特色资源，当地农户零星栽培，可作为种质资源妥善保存。

25 日本小红种

【学　名】Rosaceae（蔷薇科）*Eriobotrya*（枇杷属）*Eriobotrya japonica*（枇杷）。
【采集地】浙江省台州市路桥区。

【主要特征特性】树姿开张，中心干不明显。叶片披针形，叶质中等，叶面绿色，有光泽。花穗圆锥形，花序支轴紧密度中等，支轴着生姿态为下垂。果实成熟期在5月下旬，果实在果穗上着生松散。果梗长；果实倒卵形，形状、大小尚整齐，果形小；果面橙黄色，茸毛灰白色，且密；果肉橙黄色，酸甜适中。每果种子平均3粒。

【优异特性与利用价值】抗旱，广适，抗寒，耐热，耐涝。

【濒危状况及保护措施建议】只有当地农户零星种植，可作为种质资源妥善保存。

26 桐屿白 【学　名】Rosaceae（蔷薇科）*Eriobotrya*（枇杷属）*Eriobotrya japonica*（枇杷）。
【采集地】浙江省台州市路桥区。

【主要特征特性】树姿开张，盛果期后中心干不明显。叶质中等，叶面绿色，有光泽。果实成熟期在5月下旬，果实在果穗上着生时较平展，且松散。果实倒卵形，形状、大小尚整齐，果形大；果面麦秆黄色至淡橙黄色，茸毛灰白色，萼孔闭；果肉乳白色，酸甜适中。

【优异特性与利用价值】高产，优质，抗病，抗虫，耐盐碱，抗旱，广适，且皮薄、肉糯、核小，商品性好，可适度发展。

【濒危状况及保护措施建议】浙江省台州市地方品种，只有当地农户零星种植，可作为种质资源妥善保存，在当地可适度推广种植。

27 大叶红袍
【学　名】Rosaceae（蔷薇科）*Eriobotrya*（枇杷属）*Eriobotrya japonica*（枇杷）。
【采集地】浙江省台州市路桥区。

【主要特征特性】树势强健。叶片披针形，叶面绿色、有光泽，叶缘锯齿深度中等、密度中等。花穗多长圆锥形，花序支轴较疏散，茸毛细密、褐色。果实成熟期在5月下旬。果实倒卵形，果形较大；果基较尖削；果面橙黄色；果肉厚，橙黄色，汁液中等，品质良好。每果种子平均4粒，卵圆形，种皮棕褐色。

【优异特性与利用价值】丰产，抗旱，抗寒，耐热，耐涝，广适，可作为种质资源保存。

【濒危状况及保护措施建议】当地特色资源，当地农户零星栽培，可作为种质资源妥善保存。

28 解放钟　【学　名】Rosaceae（蔷薇科）*Eriobotrya*（枇杷属）*Eriobotrya japonica*（枇杷）。
【采集地】浙江省台州市路桥区。

【主要特征特性】树势强，树姿半直立，树冠平顶圆头形。叶片大，长椭圆形，叶面浓绿，有光泽。花穗多短圆锥形，总轴直立，末端及支轴向下弯曲，茸毛细密、褐色，花穗中等大；10月下旬至11月上旬抽穗，初花期在11月下旬，盛花期在12月，终花期在1月下旬。果实成熟期在5月上中旬。果实倒卵形至长倒卵形，果形大，平均单果重60.0g左右，果顶微凹，果基较尖削，微歪；果面橙红色，萼孔闭合，果皮中等厚，易剥落；果肉厚，橙黄色，肉质细密，汁液中等，甜酸适度，风味浓。每果种子平均5.7粒，长三角形，种皮浅褐色，有较大黄斑。

【优异特性与利用价值】树势强，果形大，抗性好，可作为育种材料。

【濒危状况及保护措施建议】福建省的主栽品种之一，种植面积较大，在浙江省可作为资源妥善保存，也可用作育种材料。

29 浦种6号

【学　名】Rosaceae（蔷薇科）Eriobotrya（枇杷属）Eriobotrya japonica（枇杷）。
【采集地】浙江省台州市路桥区。

【主要特征特性】树势强。叶片长椭圆形，叶面绿色、有光泽。花穗多长圆锥形，花序支轴松散，总轴直立，末端及支轴向下弯曲，茸毛细密、褐色，花穗中等大。果实成熟期在5月下旬。果实椭圆形至长倒卵形，果形大，果顶微凸，果基较尖削，微歪，萼片外凸，萼孔闭合；果面橙黄色；果肉厚，橙黄色，汁液中等，甜酸适度。种子少，每果平均2粒，卵圆形，种皮棕褐色。

【优异特性与利用价值】树势强，果形大，抗性好，可作为种质资源保存。

【濒危状况及保护措施建议】当地农户零星栽培，可作为资源妥善保存。

30 洛阳青

【学　名】Rosaceae（蔷薇科）Eriobotrya（枇杷属）Eriobotrya japonica（枇杷）。
【采集地】浙江省台州市路桥区。

【主要特征特性】果实成熟时，果顶萼片周围仍呈青绿色，故名'洛阳青'。树势强健，树姿开张，盛果期后中心干不明显。叶质中等至薄，叶面绿色至淡绿色、有光泽，叶背密生淡褐色茸毛。初花期在11月中旬，盛花期在12月中旬，终花期在翌年1月中旬。果实成熟期在5月下旬至6月上旬，果实在果穗上着生时较平展，且松散。倒卵形，平均单果重32.0g左右，果实形状、大小尚整齐；果面为麦秆黄色至淡橙黄色，茸毛灰白色，萼孔闭，萼片短阔，相互密接，微重叠而凸起，萼筒深凹至中等；果皮厚，组织强韧，剥落中等；果肉橙红色，肉质稍粗，组织致密，果肉较厚，汁液中等至多。种子长圆形至倒卵圆形，褐黄色，每果种子平均2.6粒。

【优异特性与利用价值】适应性强，抗寒、抗风力中等，耐贫瘠、抗旱、耐涝力较强，高抗叶斑病、日烧病。裂果少，较丰产、稳产，果形整齐，色泽、外形均优美，果皮厚，肉质致密。果实耐贮运，但风味较淡，为加工用优良品种。

【濒危状况及保护措施建议】浙江台州主栽品种之一，种植面积较大，在浙江省可作为种质资源妥善保存，也可用作育种材料。

31 小圆种白沙

【学　名】Rosaceae（蔷薇科）*Eriobotrya*（枇杷属）*Eriobotrya japonica*（枇杷）。
【采集地】浙江省台州市路桥区。

【主要特征特性】树势中等。叶片长椭圆形，叶面绿色、有光泽。花穗多圆锥形，花序支轴密度中等，总轴直立，下端支轴向下弯曲，茸毛细密，褐色。果实成熟期在5月下旬。果实圆形，果形小，果顶微凸，果基较尖削，微歪，萼片多外凸，萼孔半闭合；果面淡黄色；果肉厚，呈乳白色，汁液中等，味甜。种子少，每果平均2.6粒，圆形，种皮棕褐色。

【优异特性与利用价值】果形圆、小，糖度高，可作为种质资源保存。

【濒危状况及保护措施建议】当地农户零星栽培，可作为种质资源妥善保存。

32 志兴枇杷

【学 名】Rosaceae（蔷薇科）*Eriobotrya*（枇杷属）*Eriobotrya japonica*（枇杷）。
【采集地】浙江省台州市玉环市。

【主要特征特性】树势强健，开展。叶片披针形，叶面浓绿色、有光泽，叶缘锯齿深度中等、密度中等。果实成熟期在5月上旬，果实着生姿势直立。果实倒卵形，大小中等，果基较尖削；果面橙红色；果肉厚，橙红色，多汁有香味，酸甜适口。

【优异特性与利用价值】品质良好，非常丰产，并具有抗旱、耐热、优质、广适的特性，可作为种质资源保存，也可作为育种材料。

【濒危状况及保护措施建议】当地特色资源，在当地有一定的种植面积，可作为种质资源妥善保存。

33 太平白

【学　名】Rosaceae（蔷薇科）*Eriobotrya*（枇杷属）*Eriobotrya japonica*（枇杷）。

【采集地】浙江省丽水市莲都区。

【主要特征特性】乔木。树势中庸，在丽水市莲都区，头花11月上中旬，2花12月，以2花结果为主。果实5月中下旬成熟。果实近圆形；果柄稍歪并弯曲；果皮橙黄色，果面茸毛较厚；果顶平或微凹，萼片小、稍开裂；果肉白色稍带乳黄色；平均单果重27.1g；肉厚、质细嫩、味鲜甜、汁多，平均可溶性固形物含量13.6%，可滴定酸含量0.39g/100mL。每果种子平均2.2粒，种子小，每果种子重平均2.39g，可食率75.3%。

【优异特性与利用价值】抗病性好，果面洁净、果锈少，山地种植不裂果、无日灼、无紫斑，成花容易，丰产性、稳产性好，可食率高，综合性状较好，唯果偏小，可作为枇杷育种材料。

【濒危状况及保护措施建议】主要分布在丽水市莲都区，分布地区比较窄，为当地特色资源，建议当地重点保护，扩大种植面积。

34 处州白5号

【学　名】Rosaceae（蔷薇科）*Eriobotrya*（枇杷属）*Eriobotrya japonica*（枇杷）。
【采集地】浙江省丽水市莲都区。

【主要特征特性】优良单株实生后代，树势中庸。叶片长椭圆形，叶面浓绿色、有光泽。花穗多圆锥形，花序支轴偏疏散，总轴直立，支轴平展，茸毛细密、褐色；花瓣白色。果实成熟期为5月中旬。果实近圆形，平均单果重32.2g，每果种子平均4.8粒，可食率68.6%；萼片稍开裂，果面洁净；果皮橙黄色，皮薄、易剥；果肉浅乳白色，柔软多汁，平均可溶性固形物含量14.8%。

【优异特性与利用价值】品质优，丰产，但易裂果，不耐贮运。果形中等，风味佳，可作为种质资源保存，也可在当地适度推广种植。

【濒危状况及保护措施建议】当地农户零星栽培，可作为种质资源妥善保存，也可在当地适度推广种植。

第三节　柿

1 建德野柿子

【学　名】Ebenaceae（柿科）*Diospyros*（柿属）*Diospyros oleifera*（油柿）。

【采集地】浙江省杭州市建德市。

【主要特征特性】树势强。叶片椭圆形。果实小，心形，直径5cm左右，平均单果重约40.0g。萼片大、心形、4枚。果面被覆茸毛、油脂，果皮较厚，肉质细且致密。

【优异特性与利用价值】油柿单株，树势强健，抗逆性强。

【濒危状况及保护措施建议】野外单株分布，需异位无性繁殖保存。

2 奉化油柿

【学 名】Ebenaceae（柿科）Diospyros（柿属）Diospyros oleifera（油柿）。
【采集地】浙江省宁波市奉化区。

【主要特征特性】叶片近梭形，顶宽基窄。果实小，圆球形，直径4cm左右；萼片小，心形，4枚，半直立。果面被覆茸毛、油脂，皮薄，成熟后橘红色，肉质细且致密。每果种子平均5粒左右。

【优异特性与利用价值】抗逆性强，耐贫瘠，生长势强。可作备选砧木。

【濒危状况及保护措施建议】野外单株分布，需异位无性繁殖保存。

3 奉化甜柿

【学　名】Ebenaceae（柿科）*Diospyros*（柿属）*Diospyros kaki*（柿）。

【采集地】浙江省宁波市奉化区。

【主要特征特性】完全甜柿，树势中庸。叶片椭圆形。果实球形，直径6～7cm；果面光滑，无纵沟，无缢痕深，十字沟若隐若现，果顶平，脐呈针尖状突出；萼片较小，4枚，扁心脏形。果皮较厚，肉质细且致密，纤维少，种子周围脱涩褐斑多。易生虫。

【优异特性与利用价值】果实品质优，鲜食脆甜。

【濒危状况及保护措施建议】野外仅单株分布，需异位妥善无性繁殖保存的同时，进一步加强在原生地的保护与管理。

4 奉化竹管柿

【学　名】Ebenaceae（柿科）Diospyros（柿属）Diospyros kaki（柿）。
【采集地】浙江省宁波市奉化区。

【主要特征特性】生长势强，树体强健。

【优异特性与利用价值】可作为遗传多样性评价研究材料。

【濒危状况及保护措施建议】野外仅单株分布，需异位妥善无性繁殖保存。

5 苍南软柿

【学　名】Ebenaceae（柿科）*Diospyros*（柿属）*Diospyros kaki*（柿）。
【采集地】浙江省温州市苍南县。

【主要特征特性】完全涩柿，树势强。休眠枝节间短，皮孔稍明显。叶片椭圆形。果实球形，直径6～7cm，黄色；果面光滑，无纵沟，无缝痕深，十字沟若隐若现。萼片较小，直立。花期4月下旬。晚熟，12月中旬成熟，果皮较厚，肉质细且致密，橙黄色。

【优异特性与利用价值】抗虫，抗病。脱涩后，果鲜食，果实品质中等。

【濒危状况及保护措施建议】当地零星种植，需进一步异位妥善无性繁殖保存。

6 苍南野柿子

【学　名】Ebenaceae（柿科）*Diospyros*（柿属）*Diospyros oleifera*（油柿）。

【采集地】浙江省温州市苍南县。

【主要特征特性】树势中庸。休眠枝节间短。叶片宽椭圆形，柔软。果实球形，直径5～6cm；果面附有油脂，无纵沟，无缢痕深，无十字沟，果顶平；萼片小，4枚，边缘向内反卷，相邻萼片的基部联合，边缘互相不重叠。花期3月中旬。晚熟，12月中旬成熟，肉质细且致密，纤维多，品质优。

【优异特性与利用价值】脱涩后，果鲜食，果实品质中等。

【濒危状况及保护措施建议】野外仅单株分布，需异位妥善无性繁殖保存。

7 景宁扁柿子

【学　名】Ebenaceae（柿科）*Diospyros*（柿属）*Diospyros kaki*（柿）。

【采集地】浙江省丽水市景宁畲族自治县。

【主要特征特性】树体苍劲，枝条存在灰色斑点，无果实、叶片图片。

【优异特性与利用价值】树体苍劲，可作为遗传多样性评价研究材料。

【濒危状况及保护措施建议】野外单株分布，需异位无性繁殖保存。

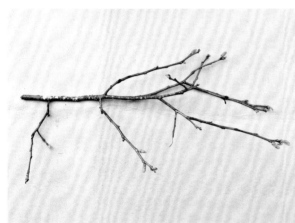

8 景宁长柿子

【学　名】Ebenaceae（柿科）Diospyros（柿属）Diospyros kaki（柿）。

【采集地】浙江省丽水市景宁畲族自治县。

【主要特征特性】完全涩柿。叶片椭圆形。中型果，果实长卵形，果横断面圆形，直径4cm左右，纵截面卵形，长6～7cm，果顶钝圆。种子小，每果种子平均3～4粒。

【优异特性与利用价值】无。

【濒危状况及保护措施建议】野外单株分布，需异位无性繁殖保存。

9 富阳君迁子

【学 名】Ebenaceae（柿科）*Diospyros*（柿属）*Diospyros lotus*（君迁子）。

【采集地】浙江省杭州市富阳区。

【主要特征特性】君迁子野生单株，树势强健。休眠枝节间短。叶片椭圆形。果实小，球形，直径1.5～2cm。萼片小，4枚。花期5月初。成串结果，产量高，脱涩软化后方能食用，霜降后成熟，果皮较厚，每果种子6～8粒，肉质细且致密，可食率低。

【优异特性与利用价值】果实多籽少果肉，几无食用价值，主要作砧木用。抗逆性强。

【濒危状况及保护措施建议】在杭州市富阳山区有少量分布，野外单株分布，需异位无性繁殖保存。

10 富阳火柿

【学 名】Ebenaceae（柿科）*Diospyros*（柿属）*Diospyros kaki*（柿）。
【采集地】浙江省杭州市富阳区。

【主要特征特性】完全涩柿。叶片椭圆形。中型果，果实长卵形，果横断面圆形，直径 4cm左右，纵截面卵形，长6～7cm，果顶钝圆。种子小，每果种子平均3～4粒。

【优异特性与利用价值】果实品质优，当地市场上常有软果销售，为当地名优农家品种。

【濒危状况及保护措施建议】杭州市富阳区等少数农户有留存，大多为百年老树，进一步加强在原生地的保护与管理的同时，建议扩大种植面积。

11 富阳铜盆柿

【学　名】Ebenaceae（柿科）*Diospyros*（柿属）*Diospyros kaki*（柿）。
【采集地】浙江省杭州市富阳区。

【主要特征特性】完全涩柿。休眠枝节间短，灰褐色。叶片小、椭圆形，易感圆斑病、角斑病。果实扁圆形，较大，直径6~8cm；果面光滑，稍有纵沟，果粉明显，果顶平。萼片中等大，4枚，扁心脏形，边缘向内反卷，相邻萼片的基部联合，边缘互相不重叠。花期4月下旬。10月上旬成熟，果面橙黄色，果肉鲜橙黄色，质致密，纤维少，核少，品质优。

【优异特性与利用价值】果实品质优，当地市场上常有软果销售，为当地名优农家品种。

【濒危状况及保护措施建议】在当地约有百年种植历史，在异位保存的同时，建议扩大种植面积。

12 富阳方顶柿
【学　名】Ebenaceae（柿科）*Diospyros*（柿属）*Diospyros kaki*（柿）。
【采集地】浙江省杭州市富阳区。

【主要特征特性】完全涩柿。树势弱。休眠枝节间短，皮孔稍明显。叶片椭圆形，易感圆斑病。果实球形，直径4～5cm，橙色；果面光滑，无纵沟，无缢痕深，十字沟若隐若现，果顶圆，略带钝尖，脐呈针尖状突出。萼片中等大，4枚，扁心脏形，边缘向内反卷，相邻萼片的基部联合，边缘互相不重叠。花期4月下旬，硬柿变成软柿有明显界限，11月上旬成熟，果皮较厚，肉质细且致密，纤维少，品质优。

【优异特性与利用价值】果实品质优，当地市场上常有软果销售。抗逆性强，亦可作其他涩柿良种砧木。

【濒危状况及保护措施建议】在当地约有500年种植历史，目前当地仍有大约70家农户种植。在异位妥善保存的同时，建议扩大种植面积。

13 富阳牛心柿

【学　名】Ebenaceae（柿科）*Diospyros*（柿属）*Diospyros kaki*（柿）。
【采集地】浙江省杭州市富阳区。

【主要特征特性】完全涩柿。树势较强，树冠圆头形，树姿开张。单性结实能力强。果实心脏形，平均单果重90.0g。果皮橙红色，有光泽；果肉淡橙红色，稍有果粉；肉质柔软，甜味浓，汁多，平均可溶性固形物含量16.0%。每果种子0～2粒。10月上旬开始成熟。

【优异特性与利用价值】优质，抗逆性强，果大、少籽、品质优，为优良农家品种。

【濒危状况及保护措施建议】在当地约有百年种植历史，在异位妥善保存的同时，建议扩大种植面积。

14 富阳灯泡柿

【学　名】Ebenaceae（柿科）*Diospyros*（柿属）*Diospyros kaki*（柿）。
【采集地】浙江省杭州市富阳区。

【主要特征特性】完全涩柿。树势弱。果实较小，平均单果重65.0g；果实球形，形如白炽灯泡，果顶圆钝有十字纹；果面光滑无纵沟，蒂部稍突起。萼片半直立。成熟果实橙黄色，肉鲜橙黄色，果皮较厚，果面有白蜡粉。10月下旬成熟，主要鲜食，汁多，品质较好。每果种子4粒左右。

【优异特性与利用价值】脱涩后，果鲜食，果实品质中等。

【濒危状况及保护措施建议】野外分布稀少，需异位无性繁殖保存。

15 富阳柿花

【学　名】Ebenaceae（柿科）*Diospyros*（柿属）*Diospyros jinzaoshi*（金枣柿）。

【采集地】浙江省杭州市富阳区。

【主要特征特性】属金枣柿，树势强健。叶片小，叶脉叶面凹陷，叶背突出。果实小，平均单果重30.0g；果实卵形，果顶圆钝，果面光滑无棱，稍有白蜡粉，无籽。10月下旬成熟，成熟果实深黄色，果皮薄，果肉多汁，味鲜甜。

【优异特性与利用价值】脱涩后，果鲜食，果实品质优。在自然分布区外出现，可作群体演化备选材料。

【濒危状况及保护措施建议】野外分布稀少，需异位无性繁殖保存。

16 富阳牛奶柿1号

【学　名】Ebenaceae（柿科）*Diospyros*（柿属）*Diospyros kaki*（柿）。
【采集地】浙江省杭州市富阳区。

【主要特征特性】同富阳牛心柿。

【优异特性与利用价值】同富阳牛心柿。

【濒危状况及保护措施建议】同富阳牛心柿。

17 富阳牛奶柿2号

【学 名】Ebenaceae（柿科）*Diospyros*（柿属）*Diospyros kaki*（柿）。

【采集地】浙江省杭州市富阳区。

【主要特征特性】生长势强。中型果，平均单果重100.0g；果实圆锥形，果面光滑，稍有果粉，蒂部平，蒂片直立。10月上旬开始成熟，成熟果实橙红色。果实多作鲜食，果皮薄，果肉汁多，味甘，无籽或少籽。

【优异特性与利用价值】树体强健，单性结实能力强，脱涩后，果鲜食，果实品质优。

【濒危状况及保护措施建议】富阳区内山区分布较多，大多于20世纪20～30年代栽种。本种质所在村牛奶柿栽培历史悠久，现存柿树较多，大树树龄100年左右，保护现状好。

18 富阳鸟柿1号

【学　名】Ebenaceae（柿科）*Diospyros*（柿属）*Diospyros kaki*（柿）。

【采集地】浙江省杭州市富阳区。

【主要特征特性】完全涩柿。树干通直，树冠伞形，产量高，成串结果。果实小，平均单果重约20.0g；果实扁圆形，果顶凹陷，成熟果实橙黄色。多籽，每果种子7~8粒，糯味清甜。10月下旬成熟。

【优异特性与利用价值】抗逆性强，果实可食用，植株可作栽培柿砧木。

【濒危状况及保护措施建议】富阳区内山地有零星野生分布，需异位无性繁殖保存。

19 富阳鸟柿2号

【学　名】Ebenaceae（柿科）*Diospyros*（柿属）*Diospyros kaki*（柿）。
【采集地】浙江省杭州市富阳区。

【主要特征特性】生长势强，中型果，平均单果重100.0g，果圆锥形，果面光滑，稍有果粉，蒂部平，蒂片直立。10月上旬开始成熟，成熟果实橙红色。果实多作鲜食，皮薄、汁多、味甘，无籽或少籽。

【优异特性与利用价值】树体强健，单性结实能力强，脱涩后，果实鲜食、品质优。

【濒危状况及保护措施建议】富阳区内山区分布较多，大多于20世纪20~30年代栽种。本种质所在村牛奶柿栽培历史悠久，现存柿树较多，大树树龄100年左右，保护现状好。

20 桐庐八月红柿子

【学　名】Ebenaceae（柿科）Diospyros（柿属）Diospyros kaki（柿）。
【采集地】浙江省杭州市桐庐县。

【主要特征特性】生长势强，树冠高大。果实大，高方圆形，4条纵沟较明显；果皮橙黄色，果肉黄色，质地较粗，纤维较多，味甜，品质良好。每果种子0或1粒，较早熟。

【优异特性与利用价值】单性结实能力强，产量高。脱涩后，果鲜食，果实品质优。

【濒危状况及保护措施建议】富阳地区名优农家品种，在当地约有百年种植历史，现存柿树较多，保存现状好。

21 桐庐长红柿子

【学 名】Ebenaceae（柿科）*Diospyros*（柿属）*Diospyros kaki*（柿）。

【采集地】浙江省杭州市桐庐县。

【主要特征特性】树势弱，高产。叶片椭圆形。中型果，果实像金枣，横断面圆形，直径4cm左右，纵截面卵形，长6～7cm，果顶钝圆。种子小，每果3～4粒。

【优异特性与利用价值】脱涩后，果鲜食，果实品质优。

【濒危状况及保护措施建议】野外单株分布，需异位无性繁殖保存。

22 桐庐野生柿子

【学　名】Ebenaceae（柿科）*Diospyros*（柿属）*Diospyros kaki*（柿）。
【采集地】浙江省杭州市桐庐县。

【主要特征特性】树势中庸，产量中下。中型果，果实扁圆形，直径5cm左右，果顶平，十字沟若隐若现；果皮橘黄色，肉质细且致密。种子小，每果平均5粒。

【优异特性与利用价值】可作为遗传多样性评价研究材料。

【濒危状况及保护措施建议】野外单株分布，可适当扩繁，就地保存，并异地保存于资源圃。

23 长兴野生柿子

【学　名】Ebenaceae（柿科）*Diospyros*（柿属）*Diospyros kaki*（柿）。
【采集地】浙江省湖州市长兴县。

【主要特征特性】树势强，营养生长旺，产量低。叶片椭圆形。果实球形。

【优异特性与利用价值】脱涩后，果鲜食，果实品质中等。可作为基因多样性资源保留。

【濒危状况及保护措施建议】野外单株分布，需异位无性繁殖保存。

24 上虞方柿

【学　名】Ebenaceae（柿科）*Diospyros*（柿属）*Diospyros kaki*（柿）。
【采集地】浙江省绍兴市上虞区。

【主要特征特性】树势弱，枝条粗短，节间短，分枝多，树冠矮小，结果投产早且丰产。果实中等大，扁圆形，整齐端正，横切面方形，果顶平，纵沟明显。果皮橙红色，艳丽有光泽。肉质细软，汁液多，味甜，品质优。

【优异特性与利用价值】适应性强，对气候、土壤要求不严格，易栽培。脱涩后，果鲜食，果实品质优。

【濒危状况及保护措施建议】当地名优农家品种，在当地种植已有100多年的历史。在异位妥善保存的同时，建议扩大种植面积。

25 上虞紫红柿

【学　名】Ebenaceae（柿科）*Diospyros*（柿属）*Diospyros kaki*（柿）。

【采集地】浙江省绍兴市上虞区。

【主要特征特性】生长势旺，产量中上。中型果，果实心形，直径5～6cm，横断面圆形，纵截面心形。萼片细长，4枚，边缘向内反卷。果皮橙红色，艳丽，皮薄而韧，肉质细且致密，纤维较少，汁液多，味甜。

【优异特性与利用价值】脱涩后，果鲜食，果实品质中等。可作为基因多样性资源保留。

【濒危状况及保护措施建议】当地名优农家品种，在当地种植已有100多年的历史。在异位妥善保存的同时，建议扩大种植面积。

26 上虞野方底柿

【学　名】Ebenaceae（柿科）*Diospyros*（柿属）*Diospyros kaki*（柿）。
【采集地】浙江省绍兴市上虞区。

【主要特征特性】生长势强。枝条节间短，深褐色。叶片深绿色。中型果，果实圆矩形，横切面圆形，纵切面心形，直径5～6cm。果皮金黄色，果面有纵沟，果顶较平。萼片较小，4枚，扁心脏形，直立，相邻萼片的基部联合，边缘互相不重叠。果皮较厚，肉质细且致密，纤维多，汁液较少。种子较少，每果平均2粒。

【优异特性与利用价值】脱涩后，果鲜食，果实品质中等。可作为基因多样性资源保留。
【濒危状况及保护措施建议】野外单株分布，需异位无性繁殖保存。

27 上虞野毛柿

【学　名】Ebenaceae（柿科）*Diospyros*（柿属）*Diospyros kaki*（柿）。

【采集地】浙江省绍兴市上虞区。

【主要特征特性】生长势强。枝条节间长，深褐色。叶片嫩绿色。中型果，果实圆矩形，横切面圆形，纵切面心形，直径4～5cm。果皮金黄色，果面光滑，十字沟若隐若现，果顶较尖。萼片较小，4枚，边缘向外卷，相邻萼片的基部联合，边缘互相不重叠。果皮较厚，纤维多，汁液较少。种子较多，每果平均6粒。

【优异特性与利用价值】脱涩后，果鲜食，果实品质中等。可作为基因多样性资源保留。

【濒危状况及保护措施建议】野外单株分布，需异位无性繁殖保存。

28 上虞小方柿

【学　名】Ebenaceae（柿科）*Diospyros*（柿属）*Diospyros kaki*（柿）。
【采集地】浙江省绍兴市上虞区。

【主要特征特性】生长势强。枝条节间长，深褐色。叶片深绿色。中型果，果实近心形，横切面圆形，纵切面心形，直径5～6cm。果皮金黄色，果面有斑点，果顶较尖。萼片较小，5枚，偏心脏形。果皮较厚，纤维多，汁液较少。种子较多，每果平均7粒。
【优异特性与利用价值】脱涩后，果鲜食，果实品质中等。可作为基因多样性资源保留。
【濒危状况及保护措施建议】野外单株分布，需异位无性繁殖保存。

29 上虞朱红柿

【学　名】Ebenaceae（柿科）*Diospyros*（柿属）*Diospyros kaki*（柿）。

【采集地】浙江省绍兴市上虞区。

【主要特征特性】生长势旺，产量中上。中型果，果实卵形，横切面圆形，直径5～6cm。萼片直立，4枚，边缘向内反卷。果皮橙红色，艳丽，皮薄而韧，肉质细且致密。

【优异特性与利用价值】脱涩后，果鲜食。可作为基因多样性资源保留。

【濒危状况及保护措施建议】在异位妥善保存的同时，建议扩大种植面积。

30 上虞大方柿

【学　名】Ebenaceae（柿科）*Diospyros*（柿属）*Diospyros kaki*（柿）。
【采集地】浙江省绍兴市上虞区。

【主要特征特性】生长势强。枝条节间长，嫩绿色。叶片椭圆形，深绿色。大型果，果实圆方形，横切面圆形，纵切面心形，十字沟若隐若现，果顶较尖。萼片小，直立。果皮较厚，品质优。种子较多，每果平均5粒。

【优异特性与利用价值】脱涩后，果鲜食，果实品质中等。可作为基因多样性资源保留。

【濒危状况及保护措施建议】野外单株分布，需异位无性繁殖保存。

31 新昌百核纠柿

【学 名】Ebenaceae（柿科）*Diospyros*（柿属）*Diospyros kaki*（柿）。
【采集地】浙江省绍兴市新昌县。

【主要特征特性】树势弱，树体开张。休眠枝节间短。叶片椭圆形。果实小，心形，直径4cm左右，平均单果重20.0g。萼片小，4枚，直立，基部相连。果皮较厚，肉质细且致密，可食率低。每果种子4～6粒。

【优异特性与利用价值】野柿优株，抗逆性强，适应性较强，抗病、抗虫、耐贫瘠。

【濒危状况及保护措施建议】野外单株分布，需异位无性繁殖保存。

32 浦江牛奶柿

【学　名】Ebenaceae（柿科）*Diospyros*（柿属）*Diospyros kaki*（柿）。

【采集地】浙江省金华市浦江县。

【主要特征特性】树势强，产量高。叶片嫩绿色。果实卵形，横切面方形，纵切面长矩形，直径4~5cm。果实黄色，果面有斑点，果顶较尖。萼片较小，4枚，扁心脏形。果皮较薄，肉质细且致密，纤维少，汁液较多。种子较少，每果平均2粒。

【优异特性与利用价值】脱涩后，果鲜食，果实品质优。

【濒危状况及保护措施建议】在当地零星种植，在异位妥善保存的同时，建议扩大种植面积。

33 浦江无籽番茄柿

【学　名】Ebenaceae（柿科）*Diospyros*（柿属）*Diospyros kaki*（柿）。

【采集地】浙江省金华市浦江县。

【主要特征特性】生长势中庸。叶片深绿色。中型果，果实扁圆形，横切面圆形，直径5～6cm。果实金黄色，纵沟明显，果顶平，略内陷。萼片较小，4枚，边缘向外卷。果皮较厚，肉质细且致密，品质优。种子较少，无籽或每果1籽。

【优异特性与利用价值】脱涩后，果鲜食，果实品质优。

【濒危状况及保护措施建议】在当地种植已有40多年的历史。在异位妥善保存的同时，建议扩大种植面积。

34 浦江野生柿子

【学　名】Ebenaceae（柿科）*Diospyros*（柿属）*Diospyros kaki*（柿）。

【采集地】浙江省衢州市衢江区。

【主要特征特性】生长势强，产量中下。中型果，果实扁卵形，果顶尖，果皮橘黄色，肉质细且致密。

【优异特性与利用价值】可作为遗传多样性评价研究材料。

【濒危状况及保护措施建议】野外单株分布，建议适当扩繁，就地保存，并异地保存于资源圃。

35 衢江柿子

【学　名】Ebenaceae（柿科）*Diospyros*（柿属）*Diospyros kaki*（柿）。
【采集地】浙江省衢州市衢江区。

【主要特征特性】生长势强，产量高。小型果，果实卵形，果顶尖，果皮橘红色，污损果多。萼片半直立。

【优异特性与利用价值】可作为遗传多样性评价研究材料。

【濒危状况及保护措施建议】野外单株分布，建议适当扩繁，就地保存，并异地保存于资源圃。

36 缙云大柿
【学　名】 Ebenaceae（柿科）*Diospyros*（柿属）*Diospyros kaki*（柿）。
【采集地】 浙江省丽水市缙云县。

【主要特征特性】 生长势弱，树冠开张。枝条节间长，深绿色。果实心形，纵切面心形，直径5～6cm，果顶较平，十字沟明显。萼片小。果皮较厚，肉质粗，汁液较多。种子较少，每果平均2粒。

【优异特性与利用价值】 可作为遗传多样性评价研究材料。

【濒危状况及保护措施建议】 野外单株分布，可适当扩繁，就地保存，并异地保存于资源圃。

37 缙云椿柿

【学　名】Ebenaceae（柿科）*Diospyros*（柿属）*Diospyros jinzaoshi*（金枣柿）。

【采集地】浙江省丽水市缙云县。

【主要特征特性】属金枣柿，树势强健。果实小，平均单果重30.0g，长卵形，果顶圆钝，果面光滑无棱。

【优异特性与利用价值】脱涩后，果鲜食。在自然分布区外出现，可作群体演化备选材料。

【濒危状况及保护措施建议】需异位无性繁殖保存。

38 缙云鸡心柿

【学　名】Ebenaceae（柿科）*Diospyros*（柿属）*Diospyros glaucifolia*（浙江柿）。

【采集地】浙江省丽水市缙云县。

【主要特征特性】树势强。叶片长椭圆形，深绿色。果实心形，直径2～3cm。果皮橘黄色，无纵沟，有缢痕，果顶较尖。萼片较小，4枚，扁心脏形。果皮较薄，无籽。果肉细而松嫩。

【优异特性与利用价值】脱涩后，果鲜食，果实品质中等。

【濒危状况及保护措施建议】野外单株分布，采集该种质的柿树已有上百年的历史。进一步加强在原生地的保护与管理的同时，建议异位无性繁殖保存。

第 三 章

浙江省核果类果树种质资源

第一节　桃

1 奉化白凤

【学　名】Rosaceae（蔷薇科）Prunus（李属）Amygdalus（桃亚属）Prunus persica（桃）。
【采集地】浙江省宁波市奉化区。

【主要特征特性】普通桃，软溶质水蜜桃。果实中等大或较大，近圆形，底部稍大，果顶圆，中间稍凹；梗洼深而中广，缝合线浅。果面黄白色，阳面鲜红；皮较薄，易剥离。3月上旬萌芽、开花，6月底7月初成熟，11月中下旬落叶，12月至翌年2月为休眠期。果形圆，平均单果重168.0g。抗病性中等，抗虫性中等，产量1000～1500kg/亩（1亩≈666.7m²，后文同）。

【优异特性与利用价值】肉质致密，汁多，味甜，香味淡，品质上等，粘核，耐贮运。

【濒危状况及保护措施建议】浙江省内水蜜桃产区均有种植，为经典水蜜桃品种。

2 衢江黑桃

【学　名】Rosaceae（蔷薇科）*Prunus*（李属）*Amygdalus*（桃亚属）*Prunus persica*（桃）。
【采集地】浙江省衢州市衢江区。

【主要特征特性】普通桃。果实小，4月开花，8月成熟，果实着红色，果肉红色，离核，味酸。

【优异特性与利用价值】红肉桃资源，离核，抗性强，可作为红肉桃育种资源和砧木资源。

【濒危状况及保护措施建议】建议保存于资源圃。

3 余姚红霞蟠桃

【学　名】Rosaceae（蔷薇科）*Prunus*（李属）*Amygdalus*（桃亚属）*Prunus persica*（桃）。
【采集地】浙江省宁波市余姚市。

【主要特征特性】红霞蟠桃，蟠桃品种。果形扁圆，果大，单果重300.0～500.0g，糖度高。

【优异特性与利用价值】树势旺，树体干净，抗流胶病，可作为种质资源保存，可作为育种材料。

【濒危状况及保护措施建议】建议保存至资源圃。

4 淳安红叶毛桃

【学　名】Rosaceae（蔷薇科）*Prunus*（李属）*Amygdalus*（桃亚属）*Prunus persica*（桃）。
【采集地】浙江省杭州市淳安县。

【主要特征特性】普通桃资源。枝条浅绿加红色。嫩叶暗红色，成熟叶片深绿带浅红色。3月下旬开花，9月下旬果实成熟。果皮底色乳黄，着红色，着色率30%。果肉白色，风味酸多甜少，离核。

【优异特性与利用价值】树势良好，叶色鲜艳带暗红色，适合作行道树，可观叶、观花。

【濒危状况及保护措施建议】在当地用作园林树种，有一定应用范围。建议扩繁就地种植。

5 奉化湖景蜜露 【学　名】Rosaceae（蔷薇科）Prunus（李属）Amygdalus（桃亚属）Prunus persica（桃）。
【采集地】浙江省宁波市奉化区。

【主要特征特性】普通桃，优质水蜜桃品种。7月中下旬果实成熟。果实圆球形，果顶略凹陷，两半部匀称。果皮乳黄色，近缝合线处有淡红色，果皮易剥离。果肉与近核处皆白色，肉质细密，柔软易溶，纤维少，甜浓无酸，平均可溶性固形物含量12.0%～14.0%，品质上等。

【优异特性与利用价值】口感好，品质佳，为经典优质水蜜桃品种。

【濒危状况及保护措施建议】属常规水蜜桃品种，在各地均有种植，建议就地保存，保持该品种在当地的特性。

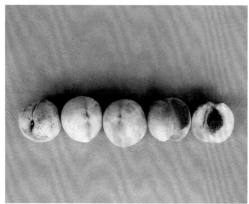

6 奉化黄露蟠桃
【学 名】Rosaceae（蔷薇科）*Prunus*（李属）*Amygdalus*（桃亚属）*Prunus persica*（桃）。
【采集地】浙江省宁波市奉化区。

【主要特征特性】蟠桃。当年生枝黄绿色，枝条正面褐色。叶片卵椭圆披针形，叶尖渐尖，叶缘钝锯齿状。3月萌芽，4月开花，7月果实成熟，11月开始落叶，12月至翌年2月处于休眠期。抗病性弱，抗虫性中等，产量500～1000kg/亩，存在裂果，产量不稳定。

【优异特性与利用价值】在当地保存约30年，性状表现中庸，可作为种质资源保存，也可作为育种材料。

【濒危状况及保护措施建议】当地零星种植，有被替代的风险，建议保存至资源圃。

7 乐清黄桃（丰黄）

【学　名】Rosaceae（蔷薇科）*Prunus*（李属）*Amygdalus*（桃亚属）*Prunus persica*（桃）。

【采集地】浙江省温州市乐清市。

【主要特征特性】果实椭圆形，单果重120.0～160.0g，果皮、果肉均为橙黄色，近核处为红色，肉质细韧，不溶质，味酸甜，具香味，粘核。8月上旬成熟。

【优异特性与利用价值】树势旺，丰产，适应性较好，制罐用。

【濒危状况及保护措施建议】制罐优质品种，建议保存种质资源。

8 乐清黄桃（奉罐2号）

【学 名】Rosaceae（蔷薇科）*Prunus*（李属）*Amygdalus*（桃亚属）*Prunus persica*（桃）。

【采集地】浙江省温州市乐清市。

【主要特征特性】制罐用黄桃品种，黄肉，粘核，不溶质，大果形，红色素少，有香气。花期3月下旬，6月底成熟。果实圆形。平均单果重120.0g，最大单果重225.0g。

【优异特性与利用价值】外形美观，品质优良，可作为种质资源保存，也可作为育种材料。

【濒危状况及保护措施建议】建议保存至资源圃。

9 湖州离核毛桃（庚村阳桃）

【学 名】Rosaceae（蔷薇科）Prunus（李属）Amygdalus（桃亚属）Prunus persica（桃）。

【采集地】浙江省湖州市吴兴区。

【主要特征特性】普通桃，当地特色品种。果形端正，果肉红色素多，离核，口感脆爽。

【优异特性与利用价值】抗逆性强，产量高，红肉资源，可作为种质资源保存，也可作为育种材料。

【濒危状况及保护措施建议】庚村阳桃在湖州大面积种植，是当地的特色品种，无须特殊保存，可扩大种植范围。

10 武义毛桃

【学　名】Rosaceae（蔷薇科）*Prunus*（李属）*Amygdalus*（桃亚属）*Prunus persica*（桃）。
【采集地】浙江省金华市武义县。

【主要特征特性】普通桃。树高3m。3月下旬开花，10月中旬成熟。果实小，纵径3.00cm，横径2.50cm。品质中等，果核大，肉薄。

【优异特性与利用价值】抗逆性较强，结果存在大小年，可作为种质资源保存，也可作为砧木育种材料。

【濒危状况及保护措施建议】当地仅1家农户种植，约3株，建议作为砧木资源保存。

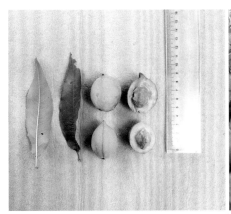 

11 庆元毛桃

【学　名】Rosaceae（蔷薇科）*Prunus*（李属）*Amygdalus*（桃亚属）*Prunus persica*（桃）。
【采集地】浙江省丽水市庆元县。

【主要特征特性】普通桃。花期3~4月，成熟期7~8月。果形椭圆，产量高，树势一般，风味甜。

【优异特性与利用价值】普通毛桃资源，可作为砧木。

【濒危状况及保护措施建议】资源所在地仅有少数植株，建议保存，并收集种子以备作砧木。

12 仙居毛桃

【学　名】Rosaceae（蔷薇科）*Prunus*（李属）*Amygdalus*（桃亚属）*Prunus persica*（桃）。
【采集地】浙江省台州市仙居县。

【主要特征特性】普通桃，野生毛桃。花红色。2月中旬开花，8月成熟。果形小，着红色，有毛，粘核，果核大。

【优异特性与利用价值】抗虫性、抗病性较强，产量高，可作为资源保存，也可作为育种材料。

【濒危状况及保护措施建议】野生资源，建议保存于资源圃。

13 富阳毛桃（红）

【学　名】Rosaceae（蔷薇科）*Prunus*（李属）*Amygdalus*（桃亚属）*Prunus persica*（桃）。

【采集地】浙江省杭州市富阳区。

【主要特征特性】普通桃资源。叶片深绿色。4月下旬开花，7月下旬成熟。果皮底色绿白，着红色，着色率70%。果肉白色，近核处为红色，粘核，风味偏酸。

【优异特性与利用价值】适应性广，中抗流胶病，适合作砧木。果实易感炭疽病，取种子培育砧木苗不受炭疽病影响，可作为资源保存，可作为育种材料。

【濒危状况及保护措施建议】富阳区等山上有零星分布，在当地适应性较强，建议就地扩大种植，收获种子培育砧木苗。

14 富阳毛桃（青）

【学　名】Rosaceae（蔷薇科）*Prunus*（李属）*Amygdalus*（桃亚属）*Prunus persica*（桃）。

【采集地】浙江省杭州市富阳区。

【主要特征特性】普通桃。叶片深绿色。4月下旬开花，8月中旬成熟。果皮底色绿白，无着色。果肉白色，风味酸多甜少，离核。

【优异特性与利用价值】适应性广，抗流胶病，多年生树体主干胶体较少。对炭疽病敏感，外果皮常被侵染，可作为资源保存，可作为育种材料。

【濒危状况及保护措施建议】常规的野生毛桃，浙江省内多地可见。此外，该资源易感炭疽病和灰霉病，且易裂果。当地多年生资源，有一定价值，建议就地保存。

15 舟山毛桃

【学　名】Rosaceae（蔷薇科）*Prunus*（李属）*Amygdalus*（桃亚属）*Prunus persica*（桃）。
【采集地】浙江省舟山市普陀区。

【主要特征特性】3月下旬开花，8月上旬成熟。果实品质好，核红色，离核，肉质硬，果实贮藏后期变软。产量1000kg/亩。

【优异特性与利用价值】品质较好，不抗流胶病，可作为资源保存。

【濒危状况及保护措施建议】有一定种植面积，建议改良栽培技术，改善树体状态。

16 浦江木棉子桃

【学　名】Rosaceae（蔷薇科）*Prunus*（李属）*Amygdalus*（桃亚属）*Prunus persica*（桃）。

【采集地】浙江省金华市浦江县。

【主要特征特性】普通桃。果实小。果皮浅黄色，稍着红色。果肉白色，近核处为红色，甜中带酸，离核。

【优异特性与利用价值】野生毛桃资源，可以尝试作为砧木，可作为资源保存。

【濒危状况及保护措施建议】野生资源，建议保存于资源圃，丰富资源类型。

17 奉化平顶玉露

【学　名】Rosaceae（蔷薇科）*Prunus*（李属）*Amygdalus*（桃亚属）*Prunus persica*（桃）。

【采集地】浙江省宁波市奉化区。

【主要特征特性】普通桃，水蜜桃系列品种。树势旺。果实圆形，套袋后果面乳白色，果肉乳白色，近核处有红色素，软溶质。

【优异特性与利用价值】传统名桃奉化玉露系列品种，风味佳，可作为资源保存，可作为育种材料。

【濒危状况及保护措施建议】当地有一定种植面积，建议就地保存，观察品质稳定性，可作育种母本。

18 金华山毛桃

【学　名】Rosaceae（蔷薇科）*Prunus*（李属）*Amygdalus*（桃亚属）*Prunus persica*（桃）。
【采集地】浙江省金华市磐安县。

【主要特征特性】普通桃，当地称为山毛桃。树势旺。

【优异特性与利用价值】抗病性强，抗虫性强，广适，丰产。树体干净，不留胶。适合作砧木，可适当繁殖以备砧木之用。

【濒危状况及保护措施建议】野生资源，建议保存于资源圃，用于砧木选育和品种改良。

19 丽水山毛桃

【学　名】Rosaceae（蔷薇科）*Prunus*（李属）*Amygdalus*（桃亚属）*Prunus persica*（桃）。
【采集地】浙江省丽水市遂昌县。

【主要特征特性】普通桃，野生资源。树形高大。果形圆，果底平凹。

【优异特性与利用价值】野生资源，产量一般。抗病性强，抗旱，适应性广，耐贫瘠，可作为资源保存，可作为育种材料。

【濒危状况及保护措施建议】野生资源，建议保存于资源圃，丰富育种材料。

20 苍南蟠基水蜜桃

【学　名】Rosaceae（蔷薇科）*Prunus*（李属）*Amygdalus*（桃亚属）
Prunus persica（桃）。

【采集地】浙江省温州市苍南县。

【主要特征特性】普通桃。枝条黄绿色。叶片卵圆披针形，叶尖渐尖，背面叶脉黄白色，侧叶脉末端不交叉，具两个圆形叶腺。4月上旬开花，果实8月中旬成熟、软、粘核、白肉。

【优异特性与利用价值】水蜜桃资源，产量高，但果形小，可作为资源保存，可作为育种材料。

【濒危状况及保护措施建议】当地小面积种植，建议就地保存，可采集花粉用于杂交育种。

21 舟山水蜜桃（白桃）

【学　名】Rosaceae（蔷薇科）*Prunus*（李属）*Amygdalus*（桃亚属）*Prunus persica*（桃）。

【采集地】浙江省舟山市定海区。

【主要特征特性】普通桃，水蜜桃品种。品质优。

【优异特性与利用价值】地方水蜜桃品种，品质佳，鲜食，可作为资源保存，可作为育种材料。

【濒危状况及保护措施建议】当地品种，前人留下，自家种植食用，建议保存于资源圃。

22 永康四月红桃

【学　名】Rosaceae（蔷薇科）*Prunus*（李属）*Amygdalus*（桃亚属）*Prunus persica*（桃）。

【采集地】浙江省金华市永康市。

【主要特征特性】普通桃资源，抗逆性较差，流胶严重。

【优异特性与利用价值】果实保存时间较长，但较感流胶病，可作为资源保存，可作为育种材料。

【濒危状况及保护措施建议】建议就地重新嫁接，更换砧木，观测资源表现，并保存至资源圃。

23 苍南蟠基桃1号

【学　名】Rosaceae（蔷薇科）Prunus（李属）Amygdalus（桃亚属）Prunus persica（桃）。

【采集地】浙江省温州市苍南县。

【主要特征特性】普通桃。早熟，离核，红心，纵横径小。

【优异特性与利用价值】在当地种植了约40年，抗逆性较强，可作为资源保存，可作为育种材料。

【濒危状况及保护措施建议】当地小面积种植，有丢失风险，建议保存至资源圃。

24 苍南蟠基桃2号

【学　名】Rosaceae（蔷薇科）*Prunus*（李属）*Amygdalus*（桃亚属）*Prunus persica*（桃）。

【采集地】浙江省温州市苍南县。

【主要特征特性】普通桃。叶片卵圆披针形，叶尖渐尖，叶缘钝锯齿状，具圆形叶腺。4月中旬开花，果实8月中旬成熟。果形小。果肉硬脆，离核。

【优异特性与利用价值】抗逆性较强，可作为资源保存，可作为育种材料。

【濒危状况及保护措施建议】种植于农户房侧，观赏加自家食用，可保存于资源圃。

25 文成火炭桃

【学　名】Rosaceae（蔷薇科）*Prunus*（李属）*Amygdalus*（桃亚属）*Prunus persica*（桃）。
【采集地】浙江省温州市文成县。

【主要特征特性】普通桃。果实椭圆形，被毛；果皮着红色；果肉近核处白色，近果皮处呈红色。

【优异特性与利用价值】高产，优质，抗病，广适，可作为资源保存，可作为育种材料。

【濒危状况及保护措施建议】红肉桃资源，当地有零星种植，建议保存于资源圃，可用于特色品种选育。

26 奉化小丁桃

【学 名】Rosaceae（蔷薇科）*Prunus*（李属）*Amygdalus*（桃亚属）*Prunus persica*（桃）。
【采集地】浙江省宁波市奉化区。

【主要特征特性】水蜜桃品种，比'玉露'好。易剥皮，软溶质，叶片宽短。细菌性穿孔病比'玉露'稍重。产量1500kg/亩左右。

【优异特性与利用价值】品质优于'玉露'，产量高。可作为资源保存，可用于品种改良，可作为育种材料。

【濒危状况及保护措施建议】在当地有一定种植面积，可保存至资源圃，丰富水蜜桃资源。

27 淳安小乌桃
【学　名】Rosaceae（蔷薇科）*Prunus*（李属）*Amygdalus*（桃亚属）*Prunus persica*（桃）。
【采集地】浙江省杭州市淳安县。

【主要特征特性】红肉普通桃。枝条浅绿带红色。叶片绿色。3月下旬开花，9月下旬果实成熟。果皮底色乳白，着红色，着色100%；果皮被密茸毛；果肉红色，近核部分为白色，风味酸，粘核。

【优异特性与利用价值】抗病性和抗虫性强，是优质的砧木资源。可用于桃果肉颜色改良育种。

【濒危状况及保护措施建议】在当地属半野生状态，作观赏树种。可以引入资源圃保存。

28 仰峰毛桃

【学　名】Rosaceae（蔷薇科）*Prunus*（李属）*Amygdalus*（桃亚属）*Prunus persica*（桃）。
【采集地】浙江省湖州市长兴县。

【主要特征特性】普通桃。树高余4m。4月初开花，9月初成熟。果形小，粘核。

【优异特性与利用价值】抗性强，树势旺，适合作砧木。较丰产。可作为资源保存，也可作为育种材料。

【濒危状况及保护措施建议】资源所在地仅一棵，树势旺，建议扩繁，观测抗性。

29 建德野毛桃

【学　名】Rosaceae（蔷薇科）Prunus（李属）Amygdalus（桃亚属）Prunus persica（桃）。
【采集地】浙江省杭州市建德市。

【主要特征特性】普通桃，野生毛桃资源。枝条黄绿色，正面褐色。叶片绿色，卵椭圆披针形，具两个肾形叶腺，叶片侧脉末端交叉，叶尖渐尖，叶缘钝锯齿状。3月下旬开花，7月初成熟。果形小；果肉白色。产量一般。

【优异特性与利用价值】稍有流胶病，抗旱性强，风味甜。可作为资源保存，也可作为育种材料。

【濒危状况及保护措施建议】当地仅剩一棵树，繁殖能力较差，资源价值不高。

30 宁波野毛桃

【学　名】Rosaceae（蔷薇科）*Prunus*（李属）*Amygdalus*（桃亚属）*Prunus persica*（桃）。
【采集地】浙江省宁波市奉化区。

【主要特征特性】普通桃。3月底开花，7月底成熟。果形小，粘核，口味差，有苦味。

【优异特性与利用价值】抗病性强，产量高。耐涝性强，抗流胶病。可作为资源保存，也可作为育种材料。

【濒危状况及保护措施建议】适合作砧木，可以扩繁后收集种子，以备作砧木用。

31 绍兴野毛桃

【学　名】Rosaceae（蔷薇科）*Prunus*（李属）*Amygdalus*（桃亚属）*Prunus persica*（桃）。
【采集地】浙江省绍兴市诸暨市。

【主要特征特性】普通桃。3月初开花，9月中旬成熟。口味甜，口感好，离核，肉质脆。

【优异特性与利用价值】抗病性强，抗逆性强，适合作砧木。可作为资源保存，也可作为育种材料。

【濒危状况及保护措施建议】野生资源，易丢失，建议保存于资源圃，继续观察抗性和品质。

32 衢州野生毛桃

【学 名】Rosaceae（蔷薇科）*Prunus*（李属）*Amygdalus*（桃亚属）*Prunus persica*（桃）。

【采集地】浙江省衢州市柯城区。

【主要特征特性】普通桃，野生资源。果形小。挂果量高，丰产。可食用，口味酸甜。

【优异特性与利用价值】丰产，种子可培育砧木。可作为资源保存，也可作为育种材料。

【濒危状况及保护措施建议】建议保存于资源圃，可用于砧木选育。

33 德清野桃子

【学 名】Rosaceae（蔷薇科）Prunus（李属）Amygdalus（桃亚属）Prunus persica（桃）。
【采集地】浙江省湖州市德清县。

【主要特征特性】普通桃，野生资源。果形较小。

【优异特性与利用价值】产量高，易感炭疽病，中抗流胶病。属野生资源，可作为资源保存，可作砧木或育种材料。

【濒危状况及保护措施建议】丰产性野生资源，建议保存于资源圃。

34 诸暨油桃

【学　名】Rosaceae（蔷薇科）*Prunus*（李属）*Amygdalus*（桃亚属）*Prunus persica*（桃）。
【采集地】浙江省绍兴市诸暨市。

【主要特征特性】油桃品种。早熟，果形大。

【优异特性与利用价值】品质好，产量高。抗虫性强，但流胶病较严重。可作为资源保存，也可作为育种材料。

【濒危状况及保护措施建议】建议就地保存，并更换砧木，观察流胶情况。

35 玉环毛桃

【学　名】Rosaceae（蔷薇科）Prunus（李属）Amygdalus（桃亚属）Prunus persica（桃）。
【采集地】浙江省台州市玉环市。

【主要特征特性】普通桃。果形小；果实底色乳白，着红晕，着色率20%；果肉白色，近核处为红色，离核。

【优异特性与利用价值】抗旱性强，抗逆性强，适应性广，抗寒，耐贫瘠。坐果率高，丰产。不流胶，主干干净。可作为资源保存，也可作为育种材料。

【濒危状况及保护措施建议】野生资源，建议保存于资源圃，用于品种改良。

36 玉环蟠桃

【学　名】Rosaceae（蔷薇科）*Prunus*（李属）*Amygdalus*（桃亚属）*Prunus persica*（桃）。
【采集地】浙江省台州市玉环市。

【主要特征特性】蟠桃资源。果形扁圆，果顶和果底着深红色，粘核。口味浓甜，丰产。
【优异特性与利用价值】抗性强，抗病，不流胶。可作为资源保存，也可作为育种材料。
【濒危状况及保护措施建议】建议保存于资源圃，观测资源表现，用作育种材料。

37 玉环水蜜桃

【学　名】Rosaceae（蔷薇科）*Prunus*（李属）*Amygdalus*（桃亚属）*Prunus persica*（桃）。
【采集地】浙江省台州市玉环市。

【主要特征特性】普通桃，水蜜桃资源。果顶凸起，果底白色，着红色，着色率80%；果肉白色，粘核。

【优异特性与利用价值】丰产，中抗流胶病，树势旺。可作为资源保存，也可作为育种材料。

【濒危状况及保护措施建议】可适当扩繁，就地保存，并保存于资源圃。

38 建德紫血桃

【学　名】Rosaceae（蔷薇科）*Prunus*（李属）*Amygdalus*（桃亚属）*Prunus persica*（桃）。
【采集地】浙江省杭州市建德市。

【主要特征特性】普通桃，野生资源。当年生枝条黄绿色，二年生枝条褐色。叶片小，长椭圆披针形，叶尖渐尖，叶片背面叶脉白色，侧脉末端不交叉，夏季叶片黄绿色。花期3～4月，7月成熟。

【优异特性与利用价值】抗性强，耐贫瘠，可作砧木。种植年限约50年。可作为资源保存，也可作为育种材料。

【濒危状况及保护措施建议】资源发现地有少量种植，属半野生种植，该资源肉质鲜红，可作为育种材料，培育特异肉质品种，建议扩大种植面积加以改良。

第二节 李

1 诸暨八月李

【学 名】Rosaceae（蔷薇科）*Prunus*（李属）*Prunus salicina*（中国李）。

【采集地】浙江省绍兴市诸暨市。

【主要特征特性】当地称八月李。果形较大，果皮紫黑色，果肉黄色，汁水较多。8月成熟。

【优异特性与利用价值】晚熟，可以作为育种亲本进行人工杂交培育晚熟优质新品种。

【濒危状况及保护措施建议】少，可适当扩繁，就地保存，并异地保存于资源圃。

2 苍南播田李

【学　名】Rosaceae（蔷薇科）*Prunus*（李属）*Prunus salicina*（中国李）。
【采集地】浙江省温州市苍南县。

【主要特征特性】当地称播田李。树形半开张。叶片上卷，卵圆形，叶缘细锯齿状，叶尖急尖。果形小，果皮不均匀棕红色，白肉。7月中旬成熟。

【优异特性与利用价值】果皮色泽较好，可以作为育种亲本进行人工杂交培育外观优美的新品种。

【濒危状况及保护措施建议】较少，可适当扩繁，就地保存，并保存于资源圃。

3 龙游红心李

【学　名】Rosaceae（蔷薇科）Prunus（李属）Prunus salicina（中国李）。

【采集地】浙江省衢州市龙游县。

【主要特征特性】当地称红心李。树形较直立。叶片较平，椭圆形，叶缘粗锯齿状，叶尖急尖。缝合线浅，果实较对称。成熟时中间果肉深红色，边缘果肉淡红色，粘核。

【优异特性与利用价值】红心果肉，可以作为育种亲本进行人工杂交培育红肉型新品种。

【濒危状况及保护措施建议】少，可适当扩繁，就地保存，并保存于资源圃。

4 建德刺李
【学　名】Rosaceae（蔷薇科）*Prunus*（李属）*Prunus salicina*（中国李）。
【采集地】浙江省杭州市建德市。

【主要特征特性】当地称刺李。果形小，果肉黄色。4月开花，7月成熟。

【优异特性与利用价值】较耐涝，可作育种亲本进行人工杂交培育抗逆新品种。

【濒危状况及保护措施建议】少，可适当扩繁，就地保存，并保存于资源圃。

5 磐安红心李

【学　名】Rosaceae（蔷薇科）*Prunus*（李属）*Prunus salicina*（中国李）。
【采集地】浙江省金华市磐安县。

【主要特征特性】当地称红心李。树形开张。叶片较平展，椭圆形，叶缘细锯齿状，叶尖渐尖。6月下旬成熟。

【优异特性与利用价值】抗病，抗虫，开张树形不同于普通红心李，可以作为育种亲本进行人工杂交培育抗逆新品种。

【濒危状况及保护措施建议】少，可适当扩繁，就地保存，并保存于资源圃。

 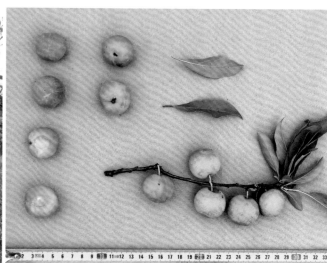

6 平阳红心李

【学　名】Rosaceae（蔷薇科）*Prunus*（李属）*Prunus salicina*（中国李）。
【采集地】浙江省温州市平阳县。

【主要特征特性】当地称红心李。叶片椭圆形，叶尖渐尖，叶缘粗锯齿状。中等果形，果顶稍凹陷；缝合线中，果实不对称；果皮、果肉红色，与其他红心李相比果肉颜色较淡；粘核。7月上旬成熟。

【优异特性与利用价值】红皮红肉，可以作为育种亲本进行人工杂交培育红肉新品种。

【濒危状况及保护措施建议】少，可适当扩繁，就地保存，并异地保存于资源圃。

7 衢江红心李

【学　名】Rosaceae（蔷薇科）*Prunus*（李属）*Prunus salicina*（中国李）。

【采集地】浙江省衢州市衢江区。

【主要特征特性】当地称红心李。树形较直立。叶片较平展，倒卵圆形，叶缘锯齿状，叶尖渐尖。果形中等，果肉红色。4月开花，7～8月成熟。

【优异特性与利用价值】红肉，可以作为育种亲本进行人工杂交培育红肉类型李新品种。

【濒危状况及保护措施建议】少，可适当扩繁，就地保存，并异地保存于资源圃。

8 仙居红心李

【学　名】Rosaceae（蔷薇科）*Prunus*（李属）*Prunus salicina*（中国李）。

【采集地】浙江省台州市仙居县。

【主要特征特性】当地称红心李。树形较开张，丰产性好。缝合线中，果实不对称；果形较大，果皮红色，果肉红色，汁水较多。6月下旬成熟。

【优异特性与利用价值】红肉，丰产，可作育种材料进行人工杂交培育优质丰产新品种。

【濒危状况及保护措施建议】少，可适当扩繁，就地保存，并异地保存于资源圃。

9 新昌红心李

【学　名】Rosaceae（蔷薇科）*Prunus*（李属）*Prunus salicina*（中国李）。
【采集地】浙江省绍兴市新昌县。

【主要特征特性】当地称红心李。以前主要用于果脯加工。树形半开张。果形中等，果皮红色，果肉深红色，汁水多，味甜。5月成熟。

【优异特性与利用价值】早熟，红肉，多汁，可以作为育种亲本进行人工杂交培育优质早熟新品种。

【濒危状况及保护措施建议】少，可适当扩繁，就地保存，并异地保存于资源圃。

10 永康红心李

【学　名】Rosaceae（蔷薇科）*Prunus*（李属）*Prunus salicina*（中国李）。

【采集地】浙江省金华市永康市。

【主要特征特性】当地称红心李。缝合线浅，果形较对称；果洼中，果顶微凹陷；果皮、果肉红色，果粉较厚。5月中旬成熟，丰产性好。

【优异特性与利用价值】早熟，红肉，可以作为育种亲本进行人工杂交培育早熟优质新品种。

【濒危状况及保护措施建议】少，可适当扩繁，就地保存，并异地保存于资源圃。

11 玉环红心李

【学　名】Rosaceae（蔷薇科）*Prunus*（李属）*Prunus salicina*（中国李）。
【采集地】浙江省台州市玉环市。

【主要特征特性】当地称红心李。树形较直立。叶片较平，椭圆形，叶缘钝锯齿状，叶尖渐尖。果顶尖凸；果皮红色，果肉红色，汁水较少，口感甜。7月下旬成熟。

【优异特性与利用价值】红肉红皮，可以作为育种亲本进行人工杂交培育优质红肉新品种。

【濒危状况及保护措施建议】当地有小规模种植。可适当扩繁，就地保存，并异地保存于资源圃。

12 长兴红心李

【学　名】Rosaceae（蔷薇科）*Prunus*（李属）*Prunus salicina*（中国李）。

【采集地】浙江省湖州市长兴县。

【主要特征特性】当地称红心李。树形半开张。叶片倒卵圆形，叶缘粗锯齿状，叶尖渐尖。果肉红色。4月初开花，6月底成熟。

【优异特性与利用价值】红肉，可以作为育种亲本进行人工杂交培育红肉新品种。

【濒危状况及保护措施建议】当地有小规模种植，可异地保存于资源圃。

13 诸暨红心李

【学 名】Rosaceae（蔷薇科）*Prunus*（李属）*Prunus salicina*（中国李）。
【采集地】浙江省绍兴市诸暨市。

【主要特征特性】当地称红心李。树形较直立。叶片较平展，倒卵圆形，叶缘粗锯齿状，叶尖圆尖。果形较小；果皮青色，果肉红色，汁水较多。7月底成熟。

【优异特性与利用价值】红肉，可以作为育种亲本进行人工杂交培育优质红肉新品种。

【濒危状况及保护措施建议】少，可适当扩繁，就地保存，并异地保存于资源圃。

14 长兴黄花李

【学　名】Rosaceae（蔷薇科）Prunus（李属）Prunus salicina（中国李）。
【采集地】浙江省湖州市长兴县。

【主要特征特性】当地称黄花李。树形较直立。叶片较平展，椭圆形，叶缘锯齿状，叶尖渐尖。果形中等；果皮、果肉黄色，香气四溢，汁水多。4月初开花，6月下旬成熟。

【优异特性与利用价值】具香气，可作为育种亲本进行人工杂交培育高品质新品种。

【濒危状况及保护措施建议】少，可适当扩繁，就地保存，并异地保存于资源圃。

15 宁海黄蜡李

【学　名】Rosaceae（蔷薇科）*Prunus*（李属）*Prunus salicina*（中国李）。

【采集地】浙江省宁波市宁海县。

【主要特征特性】当地称黄蜡李。树形较直立。叶片较平，椭圆形，叶缘粗锯齿状，叶尖急尖。果形中等；果肉黄色，汁水较多。

【优异特性与利用价值】黄肉，可以作为育种亲本进行人工杂交培育优质黄肉新品种。

【濒危状况及保护措施建议】少，可适当扩繁，就地保存，并异地保存于资源圃。

16 淳安黄肉李

【学　名】Rosaceae（蔷薇科）*Prunus*（李属）*Prunus salicina*（中国李）。
【采集地】浙江省杭州市淳安县。

【主要特征特性】当地称红皮李。果形中等。果皮深红色，果肉黄色，汁水多。3月底开花，6月中下旬成熟。

【优异特性与利用价值】红皮黄肉，可以作为育种亲本进行人工杂交培育优质黄肉新品种。

【濒危状况及保护措施建议】前期保存失败，母树被虫蛀已死，后续关注基部能否抽发新枝。

17 东阳黄心麦李

【学　名】Rosaceae（蔷薇科）*Prunus*（李属）*Prunus salicina*（中国李）。
【采集地】浙江省金华市东阳市。

【主要特征特性】当地称黄心麦李。树形较开张。叶片较平展，椭圆形，叶缘细锯齿状，叶尖渐尖。果形大，单果重可达80.0g以上；果洼中，缝合线浅，果顶圆凸；果粉厚；果皮不均匀紫红色，果肉黄色，汁水多，粘核。6月上旬成熟。

【优异特性与利用价值】口感佳，品质上乘，丰产性好，早熟，可作为优质、早熟李育种资源。

【濒危状况及保护措施建议】当地有小规模栽培，建议进行异地资源圃保存。

18 定海金塘李

【学　名】Rosaceae（薔薇科）*Prunus*（李属）*Prunus salicina*（中国李）。
【采集地】浙江省舟山市定海区。

【主要特征特性】当地称金塘李。树形开张。叶片较平，椭圆形，叶缘粗锯齿状，叶尖渐尖。成熟时果皮紫红色，果粉厚，果顶平，果肉红色，近果核处果肉颜色渐深，粘核。味酸甜，汁水中等。7月上旬成熟。

【优异特性与利用价值】红肉，民间有用于泡酒防痛风、痢疾等。可以作为育种亲本进行人工杂交培育优质红肉新品种。

【濒危状况及保护措施建议】当地有小规模种植，建议异地资源圃保存。

19 庆元野生李

【学 名】Rosaceae（蔷薇科）Prunus（李属）Prunus salicina（中国李）。
【采集地】浙江省丽水市庆元县。

【主要特征特性】果形小。7～8月成熟。

【优异特性与利用价值】易感细菌性穿孔病，可作为抗性基因挖掘研究的种质资源。

【濒危状况及保护措施建议】少，可适当扩繁，就地保存，并异地保存于资源圃。

20 长兴李

【学 名】Rosaceae（蔷薇科）*Prunus*（李属）*Prunus salicina*（中国李）。
【采集地】浙江省湖州市长兴县。

【主要特征特性】树形半开张。叶片较平展，椭圆形，叶缘锯齿状，叶尖渐尖。6月中旬成熟。

【优异特性与利用价值】可作为遗传多样性评价研究材料。

【濒危状况及保护措施建议】单株，可适当扩繁，就地保存，并异地保存于资源圃。

21 诸暨红皮李

【学　名】Rosaceae（蔷薇科）*Prunus*（李属）*Prunus salicina*（中国李）。

【采集地】浙江省绍兴市诸暨市。

【主要特征特性】叶片倒卵圆形，叶缘粗锯齿状，叶尖长急尖。果形较大，果皮红色，味酸甜，脆肉，汁水较多。6月上旬成熟。

【优异特性与利用价值】脆肉，可作为育种亲本进行人工杂交培育优质脆肉新品种。

【濒危状况及保护措施建议】少，可适当扩繁，就地保存，并异地保存于资源圃。

22 庆元黄肉李

【学 名】Rosaceae（蔷薇科）*Prunus*（李属）*Prunus salicina*（中国李）。
【采集地】浙江省丽水市庆元县。

【主要特征特性】叶片椭圆形，叶缘细锯齿状，叶尖渐尖。果形中等，果皮黄色，果肉黄色，汁水多，粘核。

【优异特性与利用价值】黄皮黄肉，可以作为育种亲本进行人工杂交培育优质黄肉新品种。

【濒危状况及保护措施建议】少，可适当扩繁，就地保存，并异地保存于资源圃。

23 武义麦李

【学　名】Rosaceae（蔷薇科）*Prunus*（李属）*Prunus salicina*（中国李）。
【采集地】浙江省金华市武义县。

【主要特征特性】当地称麦李。树形较直立。叶片略上卷，椭圆形，叶缘细锯齿状，叶尖急尖。果实缝合线中，两半较对称，果顶圆凸。果实红皮黄肉。

【优异特性与利用价值】红皮黄肉，可以作为育种亲本进行人工杂交培育优质黄肉新品种。

【濒危状况及保护措施建议】少，可适当扩繁，就地保存，并异地保存于资源圃。

24 长兴黄肉李

【学　名】Rosaceae（蔷薇科）*Prunus*（李属）*Prunus salicina*（中国李）。
【采集地】浙江省湖州市长兴县。

【主要特征特性】树形半开张。叶片较平展，卵圆形，叶缘粗锯齿状，叶尖急尖。果形小，平均单果重25.0g；果皮黄色，果肉黄色，汁水较多。6月中下旬成熟。

【优异特性与利用价值】优质、丰产，可以作为育种亲本进行人工杂交培育优质丰产新品种。

【濒危状况及保护措施建议】当地有小规模栽培，可就地保存，并异地保存于资源圃。

25 嵊州桃形李

【学　名】Rosaceae（蔷薇科）*Prunus*（李属）*Prunus salicina*（中国李）。
【采集地】浙江省绍兴市嵊州市。

【主要特征特性】也称嵊县桃形李，是浙江目前种植面积最大的李品种，是最有代表性的红心李品种之一。树形较直立。叶片倒卵圆形，叶缘粗锯齿状，叶尖急尖。果形中等，果顶尖凸，果粉较厚，果皮红色，果肉红色，粘核；汁水一般，味甜；后期遇雨水裂果较严重。7月中下旬成熟。

【优异特性与利用价值】果实糖分含量较高，可作为育种亲本进行人工杂交培育优质果肉全红型李新品种。

【濒危状况及保护措施建议】当地有小规模栽培，可适当扩繁，就地保存，并异地保存于资源圃。

26 临安天目蜜李

【学　名】Rosaceae（蔷薇科）*Prunus*（李属）*Prunus salicina*（中国李）。
【采集地】浙江省杭州市临安区。

【主要特征特性】当地称天目蜜李。树形较开张。叶片较平展，椭圆形，叶缘粗锯齿状，叶尖急尖。果实圆，缝合线浅，两半较对称；果皮黄色，果肉黄色，汁水较多，粘核。6月下旬成熟。

【优异特性与利用价值】果形较美观，品质较优，可作为育种亲本进行人工杂交培育优质李新品种。

【濒危状况及保护措施建议】少，可适当扩繁，就地保存，并异地保存于资源圃。

27 桐乡土李子

【学　名】Rosaceae（蔷薇科）*Prunus*（李属）*Prunus salicina*（中国李）。

【采集地】浙江省嘉兴市桐乡市。

【主要特征特性】当地称土李子。树形较直立。叶片较平，倒卵圆形，叶缘细锯齿状，叶尖渐尖。果皮黄色，果肉黄色，汁水中等。6月中下旬成熟。

【优异特性与利用价值】黄皮黄肉，品质中等，丰产性好，可作为果肉与果皮色泽遗传研究材料。

【濒危状况及保护措施建议】少，可适当扩繁，就地保存，并异地保存于资源圃。

28 武义土李子

【学　名】Rosaceae（蔷薇科）*Prunus*（李属）*Prunus salicina*（中国李）。
【采集地】浙江省金华市武义县。

【主要特征特性】树形较开张。叶片较平展，倒卵圆形，叶缘细锯齿状，叶尖急尖。味甜。6月成熟。

【优异特性与利用价值】品质一般，可作为遗传多样性研究材料。

【濒危状况及保护措施建议】少，可适当扩繁，就地保存，并异地保存于资源圃。

29 武义红皮土李子

【学　名】Rosaceae（蔷薇科）*Prunus*（李属）*Prunus salicina*（中国李）。
【采集地】浙江省金华市武义县。

【主要特征特性】当地称土李子。树形半开张。叶片较平展，倒卵圆形，叶缘细锯齿状，叶尖渐尖。果形中等，果皮红色，果肉黄色，汁水较多。6月中旬成熟。

【优异特性与利用价值】品质一般，可作为果实色泽性状遗传规律研究材料。

【濒危状况及保护措施建议】少，可适当扩繁，就地保存，并异地保存于资源圃。

30 宁海西瓜李

【学　名】Rosaceae（蔷薇科）*Prunus*（李属）*Prunus salicina*（中国李）。

【采集地】浙江省宁波市宁海县。

【主要特征特性】当地称西瓜李。树形较开张。叶片较平，椭圆形，叶缘粗锯齿状，叶尖急尖。果皮红色，果肉红色，汁水一般。

【优异特性与利用价值】红皮红肉，可作为果实色泽性状遗传规律研究材料。

【濒危状况及保护措施建议】少，可适当扩繁，就地保存，并异地保存于资源圃。

31 云和红皮李

【学　名】Rosaceae（蔷薇科）*Prunus*（李属）*Prunus salicina*（中国李）。

【采集地】浙江省丽水市云和县。

【主要特征特性】树形较开张。叶片略上卷，卵圆形，叶缘细锯齿状，叶尖急尖。果皮红色，果肉黄色，粘核。5月中旬成熟。

【优异特性与利用价值】早熟，可以作为育种亲本进行人工杂交培育早熟优质李新品种。

【濒危状况及保护措施建议】少，可适当扩繁，就地保存，并异地保存于资源圃。

32 舟山紫皮李

【学 名】Rosaceae（蔷薇科）*Prunus*（李属）*Prunus salicina*（中国李）。

【采集地】浙江省舟山市定海区。

【主要特征特性】当地称紫皮李。树形开张。叶片较平，倒卵圆形，叶缘粗锯齿状，叶尖急尖。果形小，果皮紫红色，果肉黄色。

【优异特性与利用价值】果皮与果肉色泽亮丽，可作为果实色泽性状遗传规律研究材料。

【濒危状况及保护措施建议】较少，可适当扩繁，就地保存，并异地保存于资源圃。

33 长兴檇李1号

【学　名】Rosaceae（蔷薇科）*Prunus*（李属）*Prunus salicina*（中国李）。

【采集地】浙江省湖州市长兴县。

【主要特征特性】当地称檇李。树形较直立。叶片较平，椭圆形，叶缘粗锯齿状，叶尖急尖。果皮不均匀紫红色，果肉黄色，口感佳，汁水丰富。6月下旬成熟。

【优异特性与利用价值】果皮与果肉色泽亮丽，可作为果实色泽性状遗传规律研究材料。

【濒危状况及保护措施建议】少，可适当扩繁，就地保存，并异地保存于资源圃。

34 长兴槜李2号

【学　名】Rosaceae（蔷薇科）*Prunus*（李属）*Prunus salicina*（中国李）。

【采集地】浙江省湖州市长兴县。

【主要特征特性】当地称槜李。树形直立。叶片较平展，卵圆形，叶缘锯齿状，叶尖急短尖。果形大，平均单果重80.0g以上。7月上旬成熟。

【优异特性与利用价值】果形较大，可以作为育种亲本进行人工杂交培育大果优质李新品种。

【濒危状况及保护措施建议】当地有一定种植规模，可适当扩繁，并异地保存于资源圃。

第三节 杏 和 梅

1 建德晚熟杏

【学　名】Rosaceae（蔷薇科）*Prunus*（李属）*Prunus armeniaca*（杏）。

【采集地】浙江省杭州市建德市。

【主要特征特性】叶片卷曲，叶缘粗锯齿状，叶尖急尖。6～7月成熟。

【优异特性与利用价值】晚熟，可以作为育种亲本进行人工杂交培育晚熟优质杏新品种。

【濒危状况及保护措施建议】单株，可适当扩繁，就地保存，并异地保存于资源圃。

2 磐安杏子

【学　名】Rosaceae（蔷薇科）Prunus（李属）Prunus armeniaca（杏）。
【采集地】浙江省金华市磐安县。

【主要特征特性】地方品种。叶片椭圆形，叶缘粗锯齿状，叶尖渐尖。果形略扁，果顶微凹；果皮黄色，果蒂附近带红晕。5月中旬成熟。

【优异特性与利用价值】早熟，可能存在低需冷量特性，可作为育种亲本进行人工杂交培育早熟优质杏新品种。

【濒危状况及保护措施建议】少，可适当扩繁，就地保存，并异地保存于资源圃。

3 永康杏子

【学 名】Rosaceae（蔷薇科）*Prunus*（李属）*Prunus armeniaca*（杏）。

【采集地】浙江省金华市永康市。

【主要特征特性】引进品种。叶缘粗锯齿状，叶尖急尖。果皮黄色带红晕，果蒂周围红色更深；离核，缝合线较深，果实两半部对称；口感偏酸，汁水中等。5月下旬成熟。

【优异特性与利用价值】早熟，可能存在低需冷量特性，可作为育种亲本进行人工杂交培育早熟优质杏新品种。

【濒危状况及保护措施建议】单株，可适当扩繁，就地保存，并异地保存于资源圃。

4 奉化杏梅

【学 名】Rosaceae（蔷薇科）*Prunus*（李属）*Prunus mume*（梅）。
【采集地】浙江省宁波市奉化区。

【主要特征特性】树较直立，圆头形。叶片倒卵圆形，叶缘粗锯齿状，急尖。果实阳面带红色，椭圆形，果顶钝尖。

【优异特性与利用价值】可作为遗传多样性评价研究材料。

【濒危状况及保护措施建议】单株，可适当扩繁，就地保存，并异地保存于资源圃。

5 龙游白梅
【学 名】Rosaceae（蔷薇科）*Prunus*（李属）*Prunus mume*（梅）。
【采集地】浙江省衢州市龙游县。

【主要特征特性】白梅，地方品种。树形半开张。叶片倒卵圆形，叶缘粗锯齿状，叶尖急尖。

【优异特性与利用价值】可作为遗传多样性评价研究材料。

【濒危状况及保护措施建议】单株，可适当扩繁，就地保存，并异地保存于资源圃。

6 杭州大叶青
【学　名】Rosaceae（蔷薇科）Prunus（李属）Prunus mume（梅）。
【采集地】浙江省杭州市萧山区。

【主要特征特性】当地称'大叶青'，为地方品种。树势强健，树姿开张。平均单果重20.0g左右，大果形；果实不圆整，呈椭圆状；肉质脆，汁多，无苦味，品质上等，抗病虫，易丰产，当地采收适期5月20～25日。

【优异特性与利用价值】适合做脆梅、梅酒、梅酱等。

【濒危状况及保护措施建议】较多，异地保护。

7 杭州红顶

【学 名】Rosaceae（蔷薇科）*Prunus*（李属）*Prunus mume*（梅）。

【采集地】浙江省杭州市萧山区。

【主要特征特性】当地称'红顶'，为选育品种。1987年从萧山大青梅中选出的自然变异优株，因其果顶针状尖头红色，故名。树势强健，树姿半开张。一年生枝底色淡绿，阳面深粉红色，嫩梢和幼叶深粉红色。叶片狭长，淡绿色，叶柄淡红色。果实椭圆形，果形大，平均单果重约26.0g；梗洼浅狭，缝合线较浅，两侧不对称；果皮底色淡绿，阳面有红晕；果肉厚，质脆，汁多，稍带苦味，核小，可食率约91.2%，平均可溶性固形物含量约5.8%，可滴定酸含量约3.80g/100mL。5月下旬采收。

【优异特性与利用价值】大果，抗逆性强，较丰产，可用于蜜饯加工。

【濒危状况及保护措施建议】较多，异地保护。

8 仙居梅 【学 名】Rosaceae（蔷薇科）*Prunus*（李属）*Prunus mume*（梅）。
【采集地】浙江省台州市仙居县。

【主要特征特性】青梅类。叶片倒卵圆形，叶缘细锯齿状，叶尖急尖，弯向一边。果实圆形，果顶尖凸，缝合线浅，梗洼浅，核中等。

【优异特性与利用价值】可作为遗传多样性评价研究材料。

【濒危状况及保护措施建议】单株，可适当扩繁，就地保存，并异地保存于资源圃。

9 临安梅子　　　【学　名】Rosaceae（蔷薇科）*Prunus*（李属）*Prunus mume*（梅）。
　　　　　　　　　　【采集地】浙江省杭州市临安区。

【主要特征特性】树姿开张。叶片倒卵形，叶尖短突尖；叶柄红色。果实黄色，带红晕。

【优异特性与利用价值】可作为遗传多样性评价研究材料。

【濒危状况及保护措施建议】单株，可适当扩繁，就地保存，并异地保存于资源圃。

10 杭州青丰

【学　名】 Rosaceae（蔷薇科）*Prunus*（李属）*Prunus mume*（梅）。
【采集地】 浙江省杭州市萧山区。

【主要特征特性】 当地称'青丰'，为选育品种。1987年从萧山大青梅中选育出的自然变异优株。树势强健，树姿开张。一年生枝条底色绿，阳面粉红色，嫩梢和幼叶浅粉红色。叶片宽阔，叶尖较狭长，叶色特别浓绿。果实圆形，大果形，平均单果重约21.0g；果顶平或稍尖，梗洼浅，缝合线浅，两边果肉较对称；果皮底色深绿，质地硬脆，汁液中等，无苦涩味，核中等，可食率约86.4%，平均可溶性固形物含量约6.8%，总酸含量约4.30g/100mL。5月下旬采收。

【优异特性与利用价值】 大果，品质优，丰产稳产，抗病虫。适合脆梅、梅酒、梅酱加工。

【濒危状况及保护措施建议】 较多，异地保护。

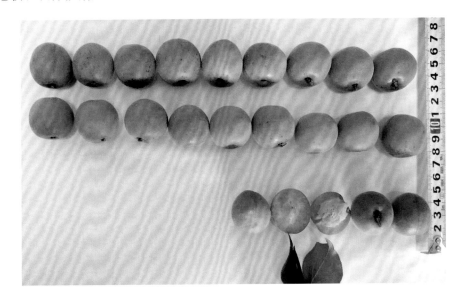

11 玉环青梅

【学　名】Rosaceae（蔷薇科）*Prunus*（李属）*Prunus mume*（梅）。

【采集地】浙江省台州市玉环市。

【主要特征特性】树形半开张。果实近圆形，阳面呈微紫红色，核中等。5月中旬采收。

【优异特性与利用价值】可作为遗传多样性评价研究材料。

【濒危状况及保护措施建议】单株，可适当扩繁，就地保存，并异地保存于资源圃。

12 杭州细叶青

【学　名】Rosaceae（蔷薇科）*Prunus*（李属）*Prunus mume*（梅）。
【采集地】浙江省杭州市萧山区。

【主要特征特性】当地称'细叶青'，为地方品种。树势较强健，树姿较开张，树冠自然圆头形。果实近圆形，整齐度好，平均单果重约15.0g，缝合线浅；果皮青黄色，色彩鲜艳；果肉淡黄色，质地细密，硬脆，汁水少，无苦涩味，有香气。4月下旬采收。

【优异特性与利用价值】品质较优，适合制脆梅、梅酒、蜜饯、梅酱等。抗病虫，高产稳产。可以作为育种亲本进行人工杂交培育优质梅新品种。

【濒危状况及保护措施建议】较多，建议适当扩繁异地保存。

13 宁海野青梅

【学　名】Rosaceae（蔷薇科）*Prunus*（李属）*Prunus mume*（梅）。
【采集地】浙江省宁波市宁海县。

【主要特征特性】野青梅。6月下旬采收。

【优异特性与利用价值】可作为遗传多样性评价研究材料。

【濒危状况及保护措施建议】单株，可适当扩繁，就地保存，并异地保存于资源圃。

14 长农17
【学　名】Rosaceae（蔷薇科）*Prunus*（李属）*Prunus mume*（梅）。
【采集地】浙江省湖州市长兴县。

【主要特征特性】青梅类，选育品种。1973年在长兴县发现，1990年通过鉴定。树势强健，树姿开张，树冠呈圆头形。当年生枝条绿色，阳面紫红色。叶片大，叶色浓绿。花量多，花期较迟，花瓣5枚，白色。果实圆形，光洁美观，平均单果重25.0g左右，整齐均匀，底色深绿，阳面微呈红晕；果肉厚，质脆，无苦味，品质上，平均可溶性固形物含量5.8%，总酸含量3.72g/100mL。成熟较晚，采收适期5月25～30日。

【优异特性与利用价值】大果，水分含量较低，可以用于蜜钱加工。

【濒危状况及保护措施建议】较多，建议适当扩繁异地保存。

15 长兴青梅1号

【学　名】Rosaceae（蔷薇科）*Prunus*（李属）*Prunus mume*（梅）。

【采集地】浙江省湖州市长兴县。

【主要特征特性】选育品种。树形较开张。果形中等，品质优。6月上旬采收。

【优异特性与利用价值】可用于脆梅、梅酒、梅酱等加工。可作为遗传多样性评价研究材料。

【濒危状况及保护措施建议】多，建议适当扩繁异地保存。

16 长兴青梅2号

【学　名】Rosaceae（蔷薇科）*Prunus*（李属）*Prunus mume*（梅）。
【采集地】浙江省湖州市长兴县。

【主要特征特性】树形较开张。果形中等，品质优。6月上旬采收。

【优异特性与利用价值】可用于脆梅、梅酒、梅酱等加工。可作为遗传多样性评价研究材料。

【濒危状况及保护措施建议】单株，可适当扩繁，就地保存，并异地保存于资源圃。

第四节 杨 梅

1 临海早大梅

【学 名】Myricaceae（杨梅科）*Myrica*（杨梅属）*Myrica rubra*（杨梅）。
【采集地】浙江省台州市临海市。

【主要特征特性】地方品种。多年生，无性繁殖，种质分布窄，生态类型为农田和森林，土壤类型为山地红壤。叶片倒披针形，先端钝圆或尖圆，叶厚而平整，叶色浓绿有光泽。果实略扁圆形，平均单果重15.8g，平均可溶性固形物含量11.5%，可食率93.5%。盛花期在3月中下旬，花暗紫红色，果实6月中旬成熟。

【优异特性与利用价值】高产，优质，广适，早熟，丰产，抗病性较强。可以设施栽培提早杨梅上市期，其也可以作为亲本进行人工杂交培育高产、优质、广适、早熟的杨梅新品种。

【濒危状况及保护措施建议】临海地方品种，临海种质资源圃内有保存，也有部分商业化栽培。建议在国家/省级资源圃内异地无性繁殖保存的同时，进一步加强在原生地的保护与管理。

2 长兴古杨梅1号

【学　名】Myricaceae（杨梅科）*Myrica*（杨梅属）*Myrica rubra*（杨梅）。
【采集地】浙江省湖州市长兴县。

【主要特征特性】树龄100年以上，树体高大。盛花期4月上旬，花暗紫红色。果实6月中旬成熟，丰产。平均单果重9.3g，平均可溶性固形物含量8.3%，可食率92.2%。

【优异特性与利用价值】百年古树，抗病、抗虫、抗逆。具有很好的抗病、抗虫、抗逆机理科学研究的价值。

【濒危状况及保护措施建议】建议在国家/省级资源圃内异地无性繁殖保存的同时，进一步加强在原生地的保护与管理。

3 长兴野生杨梅

【学 名】Myricaceae（杨梅科）Myrica（杨梅属）Myrica rubra（杨梅）。
【采集地】浙江省湖州市长兴县。

【主要特征特性】地方品种。多年生，无性繁殖。亚热带气候，山地地形，树龄100年以上，平均单果重2.9g，平均可溶性固形物含量8.9%，可食率84.6%。盛花期在4月上旬，花紫红色。果实6月中旬成熟，丰产性中等。

【优异特性与利用价值】百年古树，抗病、抗虫、抗逆。具有很好的抗病、抗虫、抗逆机理科学研究的价值。

【濒危状况及保护措施建议】建议在国家/省级资源圃内异地无性繁殖保存的同时，进一步加强在原生地的保护与管理。

4 永康野生杨梅

【学　名】Myricaceae（杨梅科）Myrica（杨梅属）Myrica rubra（杨梅）。
【采集地】浙江省金华市永康市。

【主要特征特性】野生资源。多年生，无性繁殖。种质分布少，生态类型为农田，亚热带气候，丘陵地形，黄壤。平均单果重10.0～15.0g，平均可溶性固形物含量9.8%，可食率50.0%。盛花期4月初，花淡粉红色。果实6月初成熟，转紫色前掉果，因酸多甜少，很少有收成，丰产性不好。

【优异特性与利用价值】抗病，抗寒，耐热。可以作为亲本进行人工杂交培育抗病、抗寒、耐热的优良品种，也可以用于抗病、抗寒、耐热机理的科学研究。

【濒危状况及保护措施建议】仅剩零星几棵分布于当地村落，周围坡土水土流失现象较明显，建议在国家/省级资源圃内异地无性繁殖保存的同时，进一步加强在原生地的保护与管理。

5 余姚水晶白杨梅

【学　名】Myricaceae（杨梅科）*Myrica*（杨梅属）*Myrica rubra*（杨梅）。
【采集地】浙江省宁波市余姚市。

【主要特征特性】地方品种。多年生。叶片较普通品种更细长。果实浅红色，平均单果重14.0g，平均可溶性固形物含量10.2%，可食率93.6%。盛花期4月上中旬，花白色带黄。果实6月中下旬成熟，花量大，需提高坐果率，丰产性、稳产性差。

【优异特性与利用价值】果实浅红色。可以用于培育特色品种。

【濒危状况及保护措施建议】仅剩零星几棵分布在当地村落，周围坡土水土流失现象较明显，建议在国家/省级资源圃内异地无性繁殖保存的同时，进一步加强在原生地的保护与管理。

6 台州桐子杨梅

【学 名】Myricaceae（杨梅科）Myrica（杨梅属）Myrica rubra（杨梅）。

【采集地】浙江省台州市三门县。

【主要特征特性】树势强健，树体高大，呈圆头形。盛花期4月上旬，花暗红色。果实成熟时呈紫黑色，圆球形，果蒂平。平均单果重16.1g，平均可溶性固形物含量11.6%，可食率91.6%，味甜汁多，品质中上。果实成熟期6月上中旬。

【优异特性与利用价值】采前落果较少，抗病性较强，丰产稳产。可以作为育种亲本。

【濒危状况及保护措施建议】浙江省三门县地方品种，数量较少。建议在国家/省级资源圃内异地无性繁殖保存的同时，进一步加强在原生地的保护与管理。

7 兰溪早佳杨梅
【学 名】Myricaceae（杨梅科）*Myrica*（杨梅属）*Myrica rubra*（杨梅）。
【采集地】浙江省金华市兰溪市。

【主要特征特性】树势中庸。叶片浓绿色，有光泽，叶姿斜向上，叶缘全缘，叶尖钝圆。初花期4月初，盛花期4月中旬。平均单果重12.7g，平均可溶性固形物含量10.9%，可食率95.7%，果实成熟期5月底6月初。

【优异特性与利用价值】丰产性好，早熟。可以作为早熟品种创制的亲本。

【濒危状况及保护措施建议】目前是兰溪市的早熟主栽品种，现有种植面积4000亩左右。建议在国家/省级资源圃内异地无性繁殖保存的同时，进一步加强在原生地的保护与管理。

8 兰溪刺梅

【学　名】Myricaceae（杨梅科）*Myrica*（杨梅属）*Myrica rubra*（杨梅）。
【采集地】浙江省金华市兰溪市。

【主要特征特性】果实较大，平均单果重12.4g，纵深2.93cm，横径2.73cm，果面紫黑色，肉柱紫黑色，顶端尖圆，平均可溶性固形物含量11.0%。核大，核重1.08g，纵径1.70cm，横径1.20cm，可食率90.9%。

【优异特性与利用价值】大果形早熟品种。可作为育种亲本培育大果形早熟品种。

【濒危状况及保护措施建议】地方老品种，主要分布在采集地及其附近，逐步萎缩失管。建议在国家/省级资源圃内异地无性繁殖保存的同时，进一步加强在原生地的保护与管理。

9 兰溪杨柳梅

【学　名】Myricaceae（杨梅科）*Myrica*（杨梅属）*Myrica rubra*（杨梅）。

【采集地】浙江省金华市兰溪市。

【主要特征特性】树势强，树冠圆头形。叶片倒披针形，背面叶脉凸起明显。平均单果重10.8g，果实扁圆形，纵径2.80cm，横径3.00cm。3月底始花，盛花期4月上中旬，花朱红色。果面红色，平均可溶性固形物含量11.5%，品质一般。核重1.10g，纵径1.44cm，横径1.19cm，可食率94.3%。果实6月中下旬成熟。

【优异特性与利用价值】丰产性好，抗逆性强。可以作为育种亲本进行人工杂交培育抗逆丰产新品种。

【濒危状况及保护措施建议】主要分布在采集地及其附近，商业化种植面积较小。建议在国家/省级资源圃内异地无性繁殖保存的同时，进一步加强在原生地的保护与管理。

（果实照片由颜丽菊研究员提供）

10 兰溪大水梅

【学　名】Myricaceae（杨梅科）*Myrica*（杨梅属）*Myrica rubra*（杨梅）。
【采集地】浙江省金华市兰溪市。

【主要特征特性】树势中等。叶片倒披针形或窄倒卵形，正面主侧脉凸起明显。平均单果重8.7g，纵径2.48cm，横径2.51cm。果面深红色，肉柱浅红色，顶端较尖，平均可溶性固形物含量10.5%，酸含量较高。核纵径1.48cm，横径1.12cm，核重0.92g，可食率90.4%。盛花期4月上中旬，花朱红色。果实6月中下旬成熟，丰产性一般。

【优异特性与利用价值】抗寒性较好。可作为育种亲本培育抗寒品种。

【濒危状况及保护措施建议】主要分布在采集地及其附近，商业化种植面积较小。建议在国家/省级资源圃内异地无性繁殖保存的同时，进一步加强在原生地的保护与管理。

（果实照片由颜丽菊研究员提供）

11 兰溪木叶梅

【学　名】Myricaceae（杨梅科）*Myrica*（杨梅属）*Myrica rubra*（杨梅）。
【采集地】浙江省金华市兰溪市。

【主要特征特性】树势强健，树冠圆头形。叶片窄倒披针形或倒披针形。盛花期4月上中旬，花红色。平均单果重12.6g，平均可溶性固形物含量11.3%，可食率91.7%。果实6月中下旬成熟。

【优异特性与利用价值】抗寒，丰产性好。

【濒危状况及保护措施建议】兰溪地方品种，主要分布在采集地及其附近。建议在国家/省级资源圃内异地无性繁殖保存的同时，进一步加强在原生地的保护与管理。

（果实照片由颜丽菊研究员提供）

12 余姚黑晶杨梅

【学 名】Myricaceae（杨梅科）*Myrica*（杨梅属）*Myrica rubra*（杨梅）。
【采集地】浙江省宁波市余姚市。

【主要特征特性】树冠圆头形。叶片倒披针形，叶缘浅波状，叶尖圆钝。平均单果重20.5g，平均可溶性固形物含量11.8%，可食率90.6%。果实6月下旬成熟。

【优异特性与利用价值】果实品质佳，外观乌黑发亮，入口柔软多汁。

【濒危状况及保护措施建议】浙江省农业科学院和温岭市农业局（现温岭市农业农村和水利局）等合作在温岭的杨梅变异母株上培育的优良品种，引种至余姚，并有规模化栽培。建议在国家/省级资源圃内异地无性繁殖保存的同时，进一步加强在原生地的保护与管理。

13 余姚早大种杨梅

【学　名】Myricaceae（杨梅科）Myrica（杨梅属）Myrica rubra（杨梅）。

【采集地】浙江省宁波市余姚市。

【主要特征特性】树势中庸。叶片倒披针形或倒卵圆形。果实紫红色或者紫黑色，平均单果重20.2g，平均可溶性固形物含量11.4%，果实偏酸，可食率94.2%。盛花期4月上中旬，果实6月上中旬成熟。

【优异特性与利用价值】成熟较早的大果形品种，肉质较硬，较耐贮运。可以作为育种亲本培育大果早熟品种。

【濒危状况及保护措施建议】地方品种，少量栽培。建议在国家/省级资源圃内异地无性繁殖保存的同时，进一步加强在原生地的保护与管理。

（树体和叶片照片由周超超老师提供，果实照片由张恺老师提供）

14 台州路桥本地梅

【学　名】Myricaceae（杨梅科）*Myrica*（杨梅属）*Myrica rubra*（杨梅）。
【采集地】浙江省台州市路桥区。

【主要特征特性】地方品种。果形适中，平均单果重12.9g，平均可溶性固形物含量9.5%，可食率91.1%。盛花期4月上旬，花暗紫红色，果实成熟期6月中下旬，丰产性好。

【优异特性与利用价值】高产、优质、抗病、抗虫、耐盐碱、抗旱。可以作为育种亲本培育抗病、抗虫、耐盐碱的新品种。

【濒危状况及保护措施建议】台州市路桥区的地方品种，有小面积人工栽培。建议在国家/省级资源圃内异地无性繁殖保存的同时，进一步加强在原生地的保护与管理。

15 台州路桥小黑炭

【学　名】Myricaceae（杨梅科）*Myrica*（杨梅属）*Myrica rubra*（杨梅）。
【采集地】浙江省台州市路桥区。

【主要特征特性】平均单果重10.2g，平均可溶性固形物含量9.5%，可食率94.1%。盛花期4月上旬，花暗紫红色，果实6月中旬成熟，丰产性好。

【优异特性与利用价值】高产、优质、抗病、抗虫。可以作为育种亲本培育抗病、抗虫的新品种。

【濒危状况及保护措施建议】台州市路桥区的地方品种，有小面积人工栽培。建议在国家/省级资源圃内异地无性繁殖保存的同时，进一步加强在原生地的保护与管理。

16 台州路桥东魁杨梅

【学 名】Myricaceae（杨梅科）*Myrica*（杨梅属）*Myrica rubra*（杨梅）。
【采集地】浙江省台州市路桥区。

【主要特征特性】树势强健，树冠高大，呈圆头形，枝繁叶茂。叶色浓绿，叶背脉纹明显。丰产性强，一般5～6年开始结果，10年进入盛果期。果实不正圆球形，肉柱硬，较耐贮运。果实成熟初期红色，成熟后乌黑红色。平均单果重21.7g，人工栽培后常35.0g以上，平均可溶性固形物含量13.5%，可食率93.5%。盛花期4月上旬，花暗紫红色，果实6月中下旬成熟。

【优异特性与利用价值】果个特大，常与乒乓球大小类似，是目前杨梅果实最大的优异品种，酸甜适中，果肉较硬，商品性好。可以作为杂交亲本培育果个更大、商品性更优的优良品种，也是目前杨梅遗传育种、基因功能、栽培技术、病虫害防控技术科学研究的重要品种材料。

【濒危状况及保护措施建议】已发展成为浙江省杨梅产业的主栽品种，占全省栽培面积的50%以上。建议在国家/省级资源圃内异地无性繁殖保存的同时，进一步加强在原生地的保护与管理。

17 台州路桥早慌杨梅

【学　名】Myricaceae（杨梅科）*Myrica*（杨梅属）*Myrica rubra*（杨梅）。
【采集地】浙江省台州市路桥区。

【主要特征特性】平均单果重13.0g，平均可溶性固形物含量9.6%，可食率92.4%。盛花期4月上旬，花暗紫红色，果实6月上旬成熟。

【优异特性与利用价值】抗病，抗虫，丰产性好。可以作为育种亲本培育抗病、抗虫的新品种。

【濒危状况及保护措施建议】仅剩零星几棵分布于当地村落，建议在国家/省级资源圃内异地无性繁殖保存的同时，进一步加强在原生地的保护与管理。

18 上虞深山野生杨梅

【学　名】Myricaceae（杨梅科）*Myrica*（杨梅属）*Myrica rubra*（杨梅）。
【采集地】浙江省绍兴市上虞区。

【主要特征特性】平均单果重9.0g，平均可溶性固形物含量9.8%，可食率90.5%。盛花期3月底，果实6月中旬成熟。

【优异特性与利用价值】抗病，抗虫。可以作为育种亲本培育抗病、抗虫的新品种。

【濒危状况及保护措施建议】野生资源，分布在深山，仅少数几棵。建议在国家/省级资源圃内异地无性繁殖保存的同时，进一步加强在原生地的保护与管理。

19 上虞大青龙野杨梅

【学　名】Myricaceae（杨梅科）*Myrica*（杨梅属）*Myrica rubra*（杨梅）。
【采集地】浙江省绍兴市上虞区。

【主要特征特性】盛花期4月初，果实6月中旬成熟。平均单果重6.8g，平均可溶性固形物含量10.3%，可食率86.7%。

【优异特性与利用价值】抗病，抗虫，抗寒，耐涝，耐贫瘠。可以作为育种亲本培育抗病、抗虫的新品种。

【濒危状况及保护措施建议】野生资源，分布在深山，仅少数几棵。建议在国家/省级资源圃内异地无性繁殖保存的同时，进一步加强在原生地的保护与管理。

20 萧山迟色杨梅

【学　名】Myricaceae（杨梅科）Myrica（杨梅属）Myrica rubra（杨梅）。
【采集地】浙江省杭州市萧山区。

【主要特征特性】树势中等或稍强，树姿半开张，半圆头形。叶片倒披针形，叶缘多有浅锯齿。初花期4月初，盛花期4月上中旬，花红色。果实6月中下旬成熟，丰产性中等。平均单果重11.5g，平均可溶性固形物含量11.7%，可食率93.0%。

【优异特性与利用价值】高产，优质，抗病，抗虫，抗旱，抗寒，耐贫瘠。可以在浙北地区适量推广，也可以作为育种亲本培育抗寒性好的优质新品种。

【濒危状况及保护措施建议】萧山区地方品种，有小面积栽培。建议在国家/省级资源圃内异地无性繁殖保存的同时，进一步加强在原生地的保护与管理。

21 萧山早色杨梅

【学　名】Myricaceae（杨梅科）*Myrica*（杨梅属）*Myrica rubra*（杨梅）。
【采集地】浙江省杭州市萧山区。

【主要特征特性】树势强健，树姿半开张，半圆头形。盛花期4月上中旬，果实6月中旬成熟。平均单果重12.6g，平均可溶性固形物含量12.4%，可食率94.0%。

【优异特性与利用价值】优质，抗病，抗虫，抗寒，耐贫瘠。可以在浙北地区适量推广，也可以作为育种亲本培育抗寒性好的优质新品种。

【濒危状况及保护措施建议】萧山区地方品种，有小面积栽培。建议在国家/省级资源圃内异地无性繁殖保存的同时，进一步加强在原生地的保护与管理。

22 柯城野杨梅

【学　名】Myricaceae（杨梅科）Myrica（杨梅属）Myrica rubra（杨梅）。
【采集地】浙江省衢州市柯城区。

【主要特征特性】树体高大。叶片大，表面不平展。盛花期3月中下旬，花暗紫红色，果实6月中旬成熟。平均单果重15.3g，平均可溶性固形物含量9.8%，可食率93.6%。

【优异特性与利用价值】抗病，抗虫，抗寒，耐热。可以作为育种亲本。

【濒危状况及保护措施建议】野生资源，生长在深山内，仅有零星几棵。建议在国家/省级资源圃内异地无性繁殖保存的同时，进一步加强在原生地的保护与管理。

23 永嘉杨梅

【学 名】Myricaceae（杨梅科）*Myrica*（杨梅属）*Myrica rubra*（杨梅）。
【采集地】浙江省温州市永嘉县。

【主要特征特性】树势中庸。盛花期3月中旬，果实6月中下旬成熟。平均单果重25.0g，平均可溶性固形物含量11.2%，可食率89.5%。

【优异特性与利用价值】果个大，抗病，抗旱，抗寒，丰产性好。可进一步区试，培育成优良新品种。

【濒危状况及保护措施建议】地方品种，有小面积栽培。建议在国家/省级资源圃内异地无性繁殖保存的同时，进一步加强在原生地的保护与管理。

24 龙游白杨梅
【学 名】Myricaceae（杨梅科）*Myrica*（杨梅属）*Myrica rubra*（杨梅）。
【采集地】浙江省衢州市龙游县。

【主要特征特性】树势中庸。盛花期4月初。果实成熟后为白色，成熟期6月中旬。平均单果重7.5g，平均可溶性固形物含量9.5%，可食率56.0%。

【优异特性与利用价值】果实白色，抗性较好。可以作为抗性亲本培育抗性较好的优良品种。

【濒危状况及保护措施建议】农户零星种植，建议在国家/省级资源圃内异地无性繁殖保存的同时，进一步加强在原生地的保护与管理。

25 云和白杨梅

【学　名】Myricaceae（杨梅科）*Myrica*（杨梅属）*Myrica rubra*（杨梅）。
【采集地】浙江省丽水市云和县。

【主要特征特性】叶片倒卵圆形或者匙形，叶尖钝或者渐尖。盛花期4月上旬，花粉色，果实6月中旬成熟。平均单果重12.9g，平均可溶性固形物含量10.2%，可食率85.0%。

【优异特性与利用价值】抗病，抗逆。可以作为抗性亲本培育抗性较好的优良品种。

【濒危状况及保护措施建议】地方野生杨梅，零星几棵。建议在国家/省级资源圃内异地无性繁殖保存的同时，进一步加强在原生地的保护与管理。

26 莲都水晶杨梅

【学　名】Myricaceae（杨梅科）Myrica（杨梅属）Myrica rubra（杨梅）。
【采集地】浙江省丽水市莲都区。

【主要特征特性】树势强健。叶片倒披针形或者窄倒披针形。盛花期3月中下旬，花白色或者粉色，果实6月中下旬成熟。平均单果重11.5g，平均可溶性固形物含量11.5%，可食率91.0%。

【优异特性与利用价值】抗病性强。果实可以食用，也可以加工用。

【濒危状况及保护措施建议】地方品种，仅少量栽培。建议在国家/省级资源圃内异地无性繁殖保存的同时，进一步加强在原生地的保护与管理。

27 建德野杨梅

【学　名】Myricaceae（杨梅科）*Myrica*（杨梅属）*Myrica rubra*（杨梅）。
【采集地】浙江省杭州市建德市。

【主要特征特性】树体高大。叶片倒披针形。盛花期4月中旬，果实6月中旬成熟。果实酸，红色，平均单果重7.5g，平均可溶性固形物含量10.8%。

【优异特性与利用价值】抗旱，耐贫瘠。可以作为荒山绿化用树种。

【濒危状况及保护措施建议】仅剩零星几棵分布于当地山林，建议在国家/省级资源圃内异地无性繁殖保存的同时，进一步加强在原生地的保护与管理。

28 建德大叶杨梅

【学　名】Myricaceae（杨梅科）*Myrica*（杨梅属）*Myrica rubra*（杨梅）。
【采集地】浙江省杭州市建德市。

【主要特征特性】树势强健。叶片倒披针形。盛花期3月中旬，花粉红色。果实6月中旬成熟。果实红色，平均单果重12.0g，平均可溶性固形物含量10.2%，可食率90.0%。
【优异特性与利用价值】抗逆性强。果实适宜泡酒。
【濒危状况及保护措施建议】地方品种，小面积栽培。建议在国家/省级资源圃内异地无性繁殖保存的同时，进一步加强在原生地的保护与管理。

29 景宁白杨梅1号

【学　名】Myricaceae（杨梅科）Myrica（杨梅属）Myrica rubra（杨梅）。

【采集地】浙江省丽水市景宁畲族自治县。

【主要特征特性】树势中庸。叶片窄倒卵圆形。盛花期4月上旬，果实6月中下旬成熟。平均单果重10.5g，平均可溶性固形物含量11.5%。

【优异特性与利用价值】酸甜可口，耐贫瘠。果实适宜鲜食、泡酒。

【濒危状况及保护措施建议】地方品种，小面积栽培。建议在国家/省级资源圃内异地无性繁殖保存的同时，进一步加强在原生地的保护与管理。

30 景宁白杨梅2号

【学 名】Myricaceae（杨梅科）Myrica（杨梅属）Myrica rubra（杨梅）。

【采集地】浙江省丽水市景宁畲族自治县。

【主要特征特性】树体高大。叶片倒卵圆形或者匙形。盛花期4月上旬，果实6月中旬成熟。果实成熟后白色，平均单果重7.5g，平均可溶性固形物含量10.5%。

【优异特性与利用价值】果实酸甜适中，耐贫瘠。可鲜食、泡酒、制成杨梅干。

【濒危状况及保护措施建议】地方品种，零星栽培。建议在国家/省级资源圃内异地无性繁殖保存的同时，进一步加强在原生地的保护与管理。

31 宁海本地炭梅

【学 名】Myricaceae（杨梅科）*Myrica*（杨梅属）*Myrica rubra*（杨梅）。

【采集地】浙江省宁波市宁海县。

【主要特征特性】树势中庸。叶片倒披针形。盛花期4月上旬，花暗紫红色，果实6月中下旬成熟，丰产性好。果实成熟后乌黑色，平均单果重16.0g，平均可溶性固形物含量14.5%，可食率87.0%。

【优异特性与利用价值】果实酸甜，耐贮运，丰产性好。适合鲜食。

【濒危状况及保护措施建议】地方品种，小面积栽培。建议在国家/省级资源圃内异地无性繁殖保存的同时，进一步加强在原生地的保护与管理。

（果实照片由李江林老师提供）

32 衢州白杨梅

【学　名】Myricaceae（杨梅科）*Myrica*（杨梅属）*Myrica rubra*（杨梅）。
【采集地】浙江省衢州市衢江区。

【主要特征特性】株高3m，树势中庸。叶片匙形。盛花期4月中旬，花红色，果实6月底7月初成熟。果实成熟后白色或淡粉红色，平均单果重6.0g，平均可溶性固形物含量10.2%，可食率75.5%。

【优异特性与利用价值】抗病，抗虫。可泡酒。

【濒危状况及保护措施建议】野生品种，仅剩零星几棵分布于当地村落。建议在国家/省级资源圃内异地无性繁殖保存的同时，进一步加强在原生地的保护与管理。

33 奉化团子杨梅

【学　名】Myricaceae（杨梅科）*Myrica*（杨梅属）*Myrica rubra*（杨梅）。
【采集地】浙江省宁波市奉化区。

【主要特征特性】株高8.2m，树龄58年。盛花期3月中下旬，花暗紫红色，果实6月中下旬成熟。果实乌黑色，肉刺圆，核大，味酸，平均单果重7.4g，平均可溶性固形物含量9.8%，可食率72.2%。

【优异特性与利用价值】抗病，抗虫，丰产。可泡酒。

【濒危状况及保护措施建议】地方品种，小面积栽培。建议在国家/省级资源圃内异地无性繁殖保存的同时，进一步加强在原生地的保护与管理。

34 奉化黄灵杨梅

【学 名】Myricaceae（杨梅科）Myrica（杨梅属）Myrica rubra（杨梅）。
【采集地】浙江省宁波市奉化区。

【主要特征特性】树龄60年，树体高大。盛花期3月中下旬，花暗紫红色，果实6月中下旬成熟。肉刺尖，平均单果重10.1g，平均可溶性固形物含量10.2%，可食率91.8%，果实较酸。

【优异特性与利用价值】果大，核大。可泡酒，但肉硬，泡酒不易烂。

【濒危状况及保护措施建议】地方品种，少量栽培。建议在国家/省级资源圃内异地无性繁殖保存的同时，进一步加强在原生地的保护与管理。

35 奉化青型杨梅

【学　名】Myricaceae（杨梅科）*Myrica*（杨梅属）*Myrica rubra*（杨梅）。
【采集地】浙江省宁波市奉化区。

【主要特征特性】株高8.5m。盛花期3月中下旬，花暗紫红色，果实6月中下旬成熟。平均单果重7.0g，平均可溶性固形物含量10.1%，可食率80.2%。

【优异特性与利用价值】抗病，抗虫。可泡酒，泡酒不烂。

【濒危状况及保护措施建议】地方品种，少量栽培。建议在国家/省级资源圃内异地无性繁殖保存的同时，进一步加强在原生地的保护与管理。

36 奉化黄型杨梅

【学　名】Myricaceae（杨梅科）*Myrica*（杨梅属）*Myrica rubra*（杨梅）。

【采集地】浙江省宁波市奉化区。

【主要特征特性】株高8.3m。盛花期3月上旬，花暗紫红色，果实6月中下旬成熟。平均单果重9.2g，平均可溶性固形物含量10.8%，可食率92.1%，口味酸。

【优异特性与利用价值】口味酸。可泡酒。

【濒危状况及保护措施建议】地方品种，少量栽培。建议在国家/省级资源圃内异地无性繁殖保存的同时，进一步加强在原生地的保护与管理。

37 舟山白实杨梅

【学　名】Myricaceae（杨梅科）*Myrica*（杨梅属）*Myrica rubra*（杨梅）。

【采集地】浙江省舟山市定海区。

【主要特征特性】树体高大。叶片倒披针形。盛花期4月上旬，花深红色，果实6月下旬成熟。平均单果重16.0g，平均可溶性固形物含量10.1%，可食率90.0%，口味酸，有松香味。

【优异特性与利用价值】泡酒果实不散。

【濒危状况及保护措施建议】地方品种，少量栽培。建议在国家/省级资源圃内异地无性繁殖保存的同时，进一步加强在原生地的保护与管理。

38 舟山荔枝杨梅

【学　名】Myricaceae（杨梅科）*Myrica*（杨梅属）*Myrica rubra*（杨梅）。
【采集地】浙江省舟山市定海区。

【主要特征特性】树体高大，叶片倒披针形。盛花期4月上旬，花深红色，果实6月中下旬成熟。成熟果实紫红色，平均单果重11.0g，平均可溶性固形物含量10.5%，可食率89.5%，口味酸。

【优异特性与利用价值】抗病，抗虫，抗逆。可泡酒。

【濒危状况及保护措施建议】地方品种，少量栽培。建议在国家/省级资源圃内异地无性繁殖保存的同时，进一步加强在原生地的保护与管理。

39 苍南野杨梅1号

【学　名】Myricaceae（杨梅科）*Myrica*（杨梅属）*Myrica rubra*（杨梅）。
【采集地】浙江省温州市苍南县。

【主要特征特性】树体高大。叶片倒披针形。盛花期3月下旬，花粉红色，果实5月底成熟，丰产性中等。果实红色，带松树叶气味，平均单果重8.1g，平均可溶性固形物含量8.9%，可食率94.8%。

【优异特性与利用价值】果形小，红色，带松树叶气味。可泡酒。

【濒危状况及保护措施建议】仅剩零星几棵分布于当地山林中，建议在国家/省级资源圃内异地无性繁殖保存的同时，进一步加强在原生地的保护与管理。

40 苍南野杨梅2号　【学　名】Myricaceae（杨梅科）Myrica（杨梅属）Myrica rubra（杨梅）。
【采集地】浙江省温州市苍南县。

【主要特征特性】树体高大。叶片倒披针形。盛花期3月下旬，花粉红色，果实5月底成熟。味甜，平均单果重9.7g，平均可溶性固形物含量12.5%，可食率91.2%。

【优异特性与利用价值】果实较大，味甜。可鲜食、泡酒。

【濒危状况及保护措施建议】仅剩零星几棵分布于当地山林中，建议在国家/省级资源圃内异地无性繁殖保存的同时，进一步加强在原生地的保护与管理。

41 诸暨野杨梅

【学　名】Myricaceae（杨梅科）*Myrica*（杨梅属）*Myrica rubra*（杨梅）。
【采集地】浙江省绍兴市诸暨市。

【主要特征特性】树体高大。叶片匙形。盛花期4月上旬，花暗紫红色，果实6月中旬成熟，丰产性一般。味酸，平均单果重10.6g，平均可溶性固形物含量11.2%，可食率91.6%。

【优异特性与利用价值】果实较大。可泡酒。

【濒危状况及保护措施建议】野生资源，仅剩零星几棵分布于当地村落。建议在国家/省级资源圃内异地无性繁殖保存的同时，进一步加强在原生地的保护与管理。

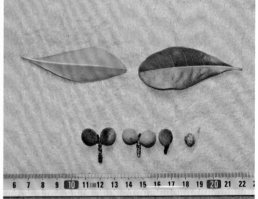

42 仙居官路白杨梅

【学　名】Myricaceae（杨梅科）*Myrica*（杨梅属）*Myrica rubra*（杨梅）。
【采集地】浙江省台州市仙居县。

【主要特征特性】叶片倒披针形。盛花期4月初，果实6月中旬成熟，成熟时白色，平均单果重6.5g，平均可溶性固形物含量10.1%，可食率85.0%。

【优异特性与利用价值】幼果有浓香味，并且有花青苷积累。可鲜食、泡酒。

【濒危状况及保护措施建议】仅剩零星几棵分布于当地山林，建议在国家/省级资源圃内异地无性繁殖保存的同时，进一步加强在原生地的保护与管理。

43 仙居水梅

【学　名】Myricaceae（杨梅科）*Myrica*（杨梅属）*Myrica rubra*（杨梅）。
【采集地】浙江省台州市仙居县。

【主要特征特性】树体高大。叶片倒披针形。盛花期4月初，果实6月中下旬成熟。果实酸甜，成熟时鲜红色，平均单果重10.2g，平均可溶性固形物含量10.5%。

【优异特性与利用价值】当地称古杨梅，抗病，抗虫，抗逆，丰产。可用于古杨梅的抗病、抗逆机制研究，果实可鲜食、泡酒。

【濒危状况及保护措施建议】仅剩1棵分布于当地村落，树龄400余年。建议在国家/省级资源圃内异地无性繁殖保存的同时，进一步加强在原生地的保护与管理。

44 仙居杨梅雄株

【学　名】Myricaceae（杨梅科）*Myrica*（杨梅属）*Myrica rubra*（杨梅）。
【采集地】浙江省台州市仙居县。

【主要特征特性】花序长，紫红色，花粉量大。

【优异特性与利用价值】抗病，抗虫，花粉量大，为授粉树。

【濒危状况及保护措施建议】仅剩零星几棵分布于当地山林，周围坡土水土流失现象较明显，建议在国家/省级资源圃内异地无性繁殖保存的同时，进一步加强在原生地的保护与管理。

45 仙居东魁杨梅

【学 名】Myricaceae（杨梅科）*Myrica*（杨梅属）*Myrica rubra*（杨梅）。

【采集地】浙江省台州市仙居县。

【主要特征特性】树势强健。叶片倒披针形或窄倒卵圆形。盛花期4月初，果实6月下旬成熟。果实红黑色，平均单果重25.5g，平均可溶性固形物含量12.5%，可食率95.0%。

【优异特性与利用价值】果实大，酸甜适中，品质优，可鲜食。可用于大果优质机理研究。可作杂交育种亲本，培育大果品种。

【濒危状况及保护措施建议】栽培面积较大，为杨梅产业主栽品种之一。建议在国家/省级资源圃内异地无性繁殖保存的同时，进一步加强在原生地的保护与管理。

46 仙居土梅　【学　名】Myricaceae（杨梅科）*Myrica*（杨梅属）*Myrica rubra*（杨梅）。
　　　　　　　【采集地】浙江省台州市仙居县。

【主要特征特性】树势强健。叶片倒披针形或窄倒卵圆形。盛花期4月初，果实6月中旬成熟。平均单果重20.0g，平均可溶性固形物含量10.2%，可食率92.3%，风味浓，酸甜，成熟后易落果。

【优异特性与利用价值】果实大，酸甜，品质优。可鲜食、泡酒。

【濒危状况及保护措施建议】地方品种，小面积栽培。建议在国家/省级资源圃内异地无性繁殖保存的同时，进一步加强在原生地的保护与管理。

47 仙居荸荠种（大果）

【学　名】Myricaceae（杨梅科）Myrica（杨梅属）Myrica rubra（杨梅）。
【采集地】浙江省台州市仙居县。

【主要特征特性】树势中庸。叶片倒披针形或窄倒卵圆形。盛花期4月初，果实6月上旬成熟。果实成熟时紫红色或者紫黑色，平均单果重10.1g，平均可溶性固形物含量11.2%，可食率95.3%。

【优异特性与利用价值】抗病，抗虫，丰产，稳产，品质佳。可鲜食、泡酒。是研究杨梅抗病、抗虫、坐果特性、花色苷合成机理等的优良材料。

【濒危状况及保护措施建议】为杨梅产业上的主栽品种之一，栽培面积仅次于'东魁'。建议在国家/省级资源圃内异地无性繁殖保存的同时，进一步加强在原生地的保护与管理。

48 仙居荸荠种（小果）

【学　名】Myricaceae（杨梅科）*Myrica*（杨梅属）*Myrica rubra*（杨梅）。
【采集地】浙江省台州市仙居县。

【主要特征特性】树势中庸，叶片倒卵圆形。盛花期4月初，果实6月初成熟。果实乌红色，平均单果重6.9g，平均可溶性固形物含量11.2%，可食率91.5%。

【优异特性与利用价值】抗病，抗虫，产量高。可鲜食、泡酒。

【濒危状况及保护措施建议】当地小面积栽培，建议在国家/省级资源圃内异地无性繁殖保存的同时，进一步加强在原生地的保护与管理。

49 瑞安白杨梅1号　【学　名】Myricaceae（杨梅科）*Myrica*（杨梅属）*Myrica rubra*（杨梅）。
【采集地】浙江省温州市瑞安市。

【主要特征特性】树势中庸。叶片窄倒卵圆形或倒披针形。盛花期4月初，花粉红色，果实6月中旬成熟。果实成熟后白色或粉色，平均单果重12.8g，平均可溶性固形物含量11.5%，可食率94.5%。

【优异特性与利用价值】可鲜食、泡酒。

【濒危状况及保护措施建议】地方品种，小面积栽培。建议在国家/省级资源圃内异地无性繁殖保存的同时，进一步加强在原生地的保护与管理。

50 瑞安白杨梅2号

【学　名】Myricaceae（杨梅科）Myrica（杨梅属）Myrica rubra（杨梅）。
【采集地】浙江省温州市瑞安市。

【主要特征特性】树势中庸。叶片倒披针形或窄倒卵圆形。盛花期4月上中旬，花粉红色，果实6月中下旬成熟。果实成熟后乳白色或带淡粉色，平均单果重12.2g，平均可溶性固形物含量10.3%，可食率91.8%。

【优异特性与利用价值】耐贫瘠。可鲜食、泡酒。

【濒危状况及保护措施建议】地方品种，小面积栽培。建议在国家/省级资源圃内异地无性繁殖保存的同时，进一步加强在原生地的保护与管理。

51 长兴大叶杨梅

【学 名】Myricaceae（杨梅科）*Myrica*（杨梅属）*Myrica rubra*（杨梅）。
【采集地】浙江省湖州市长兴县。

【主要特征特性】树体高大。叶片窄倒披针形。3月中下旬4月初开花，果实6月中下旬成熟。果实成熟后红色，平均单果重9.5g，平均可溶性固形物含量8.9%，可食率85.6%。

【优异特性与利用价值】抗病，抗虫，抗逆。可鲜食、泡酒。

【濒危状况及保护措施建议】仅剩零星几棵分布于当地山林，建议在国家/省级资源圃内异地无性繁殖保存的同时，进一步加强在原生地的保护与管理。

52 长兴野杨梅1号

【学　名】Myricaceae（杨梅科）*Myrica*（杨梅属）*Myrica rubra*（杨梅）。
【采集地】浙江省湖州市长兴县。

【主要特征特性】树势强健。叶片倒披针形。盛花期3月中下旬4月初，果实6月中下旬成熟。果实成熟后紫红色，平均单果重10.2g左右，平均可溶性固形物含量10.1%，可食率85.0%。

【优异特性与利用价值】抗病，抗虫，抗逆。可鲜食、泡酒。

【濒危状况及保护措施建议】分布在农户房前屋后，少量几棵。建议在国家/省级资源圃内异地无性繁殖保存的同时，进一步加强在原生地的保护与管理。

53 长兴野杨梅2号

【学　名】Myricaceae（杨梅科）Myrica（杨梅属）Myrica rubra（杨梅）。

【采集地】浙江省湖州市长兴县。

【主要特征特性】树体高大。叶片倒披针形或倒卵圆形。盛花期3月中下旬，果实6月中下旬成熟。果实成熟后红色，平均单果重9.2g，平均可溶性固形物含量9.8%，可食率82.5%。

【优异特性与利用价值】抗病，抗虫，抗逆。可泡酒。

【濒危状况及保护措施建议】仅剩零星几棵分布于当地山林，建议在国家/省级资源圃内异地无性繁殖保存的同时，进一步加强在原生地的保护与管理。

54 长兴野杨梅3号

【学 名】Myricaceae（杨梅科）*Myrica*（杨梅属）*Myrica rubra*（杨梅）。

【采集地】浙江省湖州市长兴县。

【主要特征特性】树势中庸。叶片倒披针形或倒卵圆形。盛花期3月中下旬，果实6月中下旬成熟。果实成熟后红色，平均单果重11.5g，平均可溶性固形物含量9.5%，可食率85.5%。

【优异特性与利用价值】抗病，抗虫，抗逆。可泡酒。

【濒危状况及保护措施建议】地方品种，有少量栽培。建议在国家/省级资源圃内异地无性繁殖保存的同时，进一步加强在原生地的保护与管理。

55 长兴野杨梅4号

【学 名】Myricaceae（杨梅科）*Myrica*（杨梅属）*Myrica rubra*（杨梅）。
【采集地】浙江省湖州市长兴县。

【主要特征特性】树势强健。叶片倒披针形。盛花期3月中下旬，果实6月中下旬成熟。果实成熟后红色，平均单果重7.2g，平均可溶性固形物含量9.5%，可食率85.2%。

【优异特性与利用价值】抗病，抗虫，抗逆。可泡酒。

【濒危状况及保护措施建议】地方品种，有少量栽培。建议在国家/省级资源圃内异地无性繁殖保存的同时，进一步加强在原生地的保护与管理。

56 长兴野杨梅5号

【学　名】Myricaceae（杨梅科）Myrica（杨梅属）Myrica rubra（杨梅）。
【采集地】浙江省湖州市长兴县。

【主要特征特性】树势强健。叶片倒披针形。盛花期3月中下旬，果实6月中旬成熟。果实成熟后紫红色，平均单果重10.2g，平均可溶性固形物含量9.8%，可食率90.1%。

【优异特性与利用价值】抗病，抗虫，抗逆。可鲜食、泡酒。

【濒危状况及保护措施建议】仅剩零星几棵分布于当地村落，建议在国家/省级资源圃内异地无性繁殖保存的同时，进一步加强在原生地的保护与管理。

57 长兴大红袍杨梅1号
【学　名】Myricaceae（杨梅科）*Myrica*（杨梅属）*Myrica rubra*（杨梅）。
【采集地】浙江省湖州市长兴县。

【主要特征特性】地方品种。多年生，无性繁殖。树龄100年以上，平均单果重11.8g，平均可溶性固形物含量8.8%，可食率91.6%。盛花期4月上旬，花暗紫红色。果实6月中旬成熟，丰产性好。

【优异特性与利用价值】百年古树，仅此一棵。具有很好的抗病、抗虫、抗逆机理科学研究的价值。

【濒危状况及保护措施建议】建议在国家/省级资源圃内异地无性繁殖保存的同时，进一步加强在原生地的保护与管理。

58 长兴大红袍杨梅2号

【学　名】Myricaceae（杨梅科）Myrica（杨梅属）Myrica rubra（杨梅）。
【采集地】浙江省湖州市长兴县。

【主要特征特性】树体高大。叶片匙形。盛花期3月中下旬，果实6月中下旬成熟。果实成熟后红色，平均单果重11.2g，平均可溶性固形物含量9.8%，可食率90.2%。

【优异特性与利用价值】抗病，抗虫，抗逆。可鲜食、泡酒。

【濒危状况及保护措施建议】地方品种，有少量栽培。建议在国家/省级资源圃内异地无性繁殖保存的同时，进一步加强在原生地的保护与管理。

59 磐安野生杨梅

【学 名】Myricaceae（杨梅科）*Myrica*（杨梅属）*Myrica rubra*（杨梅）。
【采集地】浙江省金华市磐安县。

【主要特征特性】树势强健。叶片倒披针形。盛花期4月中旬，花红色，果实7月上旬成熟，丰产性一般。平均单果重9.0g，平均可溶性固形物含量9.5%，可食率90.5%。

【优异特性与利用价值】抗病，抗虫，抗逆。可鲜食、泡酒。

【濒危状况及保护措施建议】仅剩零星几棵分布于当地村落，周围坡土水土流失现象较明显，建议在国家/省级资源圃内异地无性繁殖保存的同时，进一步加强在原生地的保护与管理。

60 武义半塘杨梅

【学　名】Myricaceae（杨梅科）Myrica（杨梅属）Myrica rubra（杨梅）。
【采集地】浙江省金华市武义县。

【主要特征特性】树势强健。叶片匙形。盛花期3月底4月初，花紫红色，果实7月上旬成熟，丰产性好。果实成熟后红色，平均单果重4.5g，平均可溶性固形物含量8.9%，可食率90.0%。

【优异特性与利用价值】抗病，抗虫，抗逆。可泡酒。

【濒危状况及保护措施建议】仅剩零星几棵分布于当地山林，建议在国家/省级资源圃内异地无性繁殖保存的同时，进一步加强在原生地的保护与管理。

61 武义土杨梅

【学　名】Myricaceae（杨梅科）*Myrica*（杨梅属）*Myrica rubra*（杨梅）。

【采集地】浙江省金华市武义县。

【主要特征特性】树势强健。叶片倒披针形。盛花期3月底4月初，花紫红色，果实7月中下旬成熟，丰产性好。果实成熟后红色，平均单果重4.3g，平均可溶性固形物含量9.1%，可食率85.0%。

【优异特性与利用价值】抗病，抗虫，抗逆。可泡酒。

【濒危状况及保护措施建议】仅剩零星几棵分布于当地村落，建议在国家/省级资源圃内异地无性繁殖保存的同时，进一步加强在原生地的保护与管理。

62 开化白杨梅

【学　名】Myricaceae（杨梅科）*Myrica*（杨梅属）*Myrica rubra*（杨梅）。

【采集地】浙江省衢州市开化县。

【主要特征特性】树势中庸。叶片倒披针形或者倒卵圆形。盛花期3月底，果实6月中旬成熟，有松香味，平均可溶性固形物含量8.9%，可食率89.1%。

【优异特性与利用价值】抗病，抗虫，抗逆。可泡酒。

【濒危状况及保护措施建议】仅剩零星几棵分布于当地山林，建议在国家/省级资源圃内异地无性繁殖保存的同时，进一步加强在原生地的保护与管理。

63 庆元白杨梅

【学　名】Myricaceae（杨梅科）*Myrica*（杨梅属）*Myrica rubra*（杨梅）。
【采集地】浙江省丽水市庆元县。

【主要特征特性】树势强健。叶片倒卵圆形或者匙形。盛花期3月下旬，果实6月中旬成熟。成熟果实白色或带粉色，平均单果重10.5g，平均可溶性固形物含量9.8%，可食率89.5%。

【优异特性与利用价值】抗旱，耐瘠薄。可泡酒。

【濒危状况及保护措施建议】仅剩零星几棵分布于当地山林，建议在国家/省级资源圃内异地无性繁殖保存的同时，进一步加强在原生地的保护与管理。

第五节　枣

1 遂昌小枣

【学　名】Rhamnaceae（鼠李科）Ziziphus（枣属）Ziziphus jujuba（枣）。
【采集地】浙江省丽水市遂昌县。

【主要特征特性】叶片卵圆形，叶基偏斜形或者截形。果实红色，扁圆形，果肩凸，果顶凹，果面光滑，果皮薄，果点小而密，梗洼深度浅而广，萼片脱落，柱头宿存，果肉白色、粗、质地致密、汁液少，果核椭圆形，种仁较饱满。平均单果重6.1g，果实横径21.73mm，果实纵径23.26mm，总糖含量25.86%，可滴定酸含量1.91g/100mL，维生素C含量226.09mg/100g。果实外观综合评价中等，风味酸、无异味，果实口感品质综合评价极差。

【优异特性与利用价值】耐贫瘠，耐盐碱，抗旱。植株可用于绿化、观赏，果实可食用。

【濒危状况及保护措施建议】仅剩零星几棵分布于当地村落，建议在国家/省级资源圃内异地无性繁殖保存的同时，进一步加强在原生地的保护与管理。

2 浦江模糊梨枣

【学 名】Rhamnaceae（鼠李科）Ziziphus（枣属）Ziziphus jujuba（枣）。

【采集地】浙江省金华市浦江县。

【主要特征特性】树势中等，主干皮裂为条状，树姿半开张，树形圆头形。枣头灰褐色、蜡层少，针刺不发达，枣头长度35.04cm，枣头节间长度10.84cm，枣头粗度8.36mm，二次枝长度和节数分别为28.18cm和6，枣吊长度20.04cm。叶片绿色、平展、较光亮、椭圆形，叶尖钝尖，叶基圆形，叶缘钝锯齿状，叶片数10，叶片长和宽分别为60.72mm和30.22mm。3月上旬开花。鲜食品种，个小味美，早熟，8月中旬成熟，果实采前落果程度轻。果实长圆形，果肩凸，果顶凹，果面光滑，果皮薄，果点小，密度中等，梗洼深度、广度中等，萼片脱落，柱头宿存，果肉白色，酥脆，果肉粗细和汁液中等。果实甜酸无异味，果核纺锤形。平均单果重10.1g，果实横径27.16mm，果实纵径30.47mm，总糖含量11.62%，可滴定酸含量0.76g/100mL，维生素C含量167.10mg/100g。

【优异特性与利用价值】果树抗旱，抗裂果、枣疯病和缩果病，果实外观和口感品质综合评价好。可鲜食。

【濒危状况及保护措施建议】地方品种，有少量栽培。建议在国家/省级资源圃内异地无性繁殖保存的同时，进一步加强在原生地的保护与管理。

3 永康京枣

【学　名】 Rhamnaceae（鼠李科）*Ziziphus*（枣属）*Ziziphus jujuba*（枣）。
【采集地】 浙江省金华市永康市。

【主要特征特性】 树体乱头形。枣头灰褐色，蜡层少，枣吊长度17.74cm，枣吊叶片数8。叶片长45.25mm，宽20.51mm，叶片合抱、灰暗浅绿色、卵圆形，叶尖钝尖，叶基偏斜形，叶缘钝锯齿状。果实圆柱形，果肩凸，果顶凹，果面粗糙，果皮薄，果点密度中，梗洼深度中等、广度大，萼片脱落，柱头宿存，果肉白色、质地酥脆、肉细、汁液中等，果实甜而无异味，果核倒纺锤形，种仁饱满。平均单果重21.2g，果实横径29.91mm，果实纵径38.31mm，总糖含量30.50%，可滴定酸含量1.59g/100mL，维生素C含量68.81mg/100g。

【优异特性与利用价值】 总糖含量高，果实外观品质好，果实口感品质综合评价极好。可加工、鲜食。

【濒危状况及保护措施建议】 地方品种，有少量栽培。建议在国家/省级资源圃内异地无性繁殖保存的同时，进一步加强在原生地的保护与管理。

4 衢州青枣

【学　名】Rhamnaceae（鼠李科）*Ziziphus*（枣属）*Ziziphus jujuba*（枣）。
【采集地】浙江省衢州市衢江区。

【主要特征特性】树体乱头形。枣吊长度17.16cm，枣吊叶片数10。叶片长46.75mm，宽22.17mm，叶片浅绿色、平展、较光亮，椭圆形，叶尖钝尖，叶基圆楔形或偏斜形，叶缘锐锯齿。果实圆柱形，果肩平而果顶凹，果面光滑，果皮厚度中，果点小而密，梗洼深而狭，萼片脱落，柱头宿存，果肉白色、质地致密、粗、汁液少，果实酸且无异味，种仁较饱满，有核，果核椭圆形，核重0.53g。平均单果重6.2g，果实横径21.80mm，果实纵径25.84mm，总糖含量18.19%，可滴定酸含量1.24g/100mL，维生素C含量153.53mg/100g。果实外观综合评价差，果实口感品质综合评价差。

【优异特性与利用价值】抗病，抗虫，抗逆。植株可用于绿化，果实可用于食品加工。

【濒危状况及保护措施建议】仅剩零星几棵分布于当地村落，建议在国家/省级资源圃内异地无性繁殖保存的同时，进一步加强在原生地的保护与管理。

5 新昌三季枣

【学 名】Rhamnaceae（鼠李科）*Ziziphus*（枣属）*Ziziphus jujuba*（枣）。

【采集地】浙江省绍兴市新昌县。

【主要特征特性】采收期一年三季较明显，果形较小，甜度较高，适口性较好。叶片平展，灰暗浅绿色。果实扁圆形或圆形，果肩凸，果顶平，果面光滑，果皮厚度中，果点小而密，梗洼深而狭，萼片和柱头皆脱落，果肉白色、质地致密、肉粗、汁液少，果实酸甜无异味，种仁饱满，果核椭圆形。平均单果重6.9g，果实横径22.12mm，果实纵径23.35mm，总糖含量38.92%，可滴定酸含量1.34g/100mL，维生素C含量137.62mg/100g。果实外观和果实口感品质综合评价中。

【优异特性与利用价值】果实总糖含量高，抗病、抗虫、耐贫瘠，一年三季较明显。植株可用于绿化，果实可鲜食。

【濒危状况及保护措施建议】在新昌县各乡镇仅少数农户零星种植，种植分布少。建议在国家/省级资源圃内异地无性繁殖保存的同时，进一步加强在原生地的保护与管理。

6 泰顺凤洋枣

【学 名】Rhamnaceae（鼠李科）Ziziphus（枣属）Ziziphus jujuba（枣）。

【采集地】浙江省温州市泰顺县。

【主要特征特性】树体乱头形。枣头红褐色，无蜡层且针刺不发达。枣吊长度20.44cm，枣吊叶片数15。叶片平展、光亮、浅绿色、卵圆形，叶片长53.03mm，宽24.74mm，叶尖钝尖，叶基圆形，叶缘钝锯齿状。果实长圆形或倒卵圆形，果面光滑，果肩凸，果顶凹，有核且抗裂果，果点小而密，梗洼深而广，柱头及萼片脱落，果肉白色、粗且质地致密。平均单果重5.2g，果实横径20.81mm，果实纵径22.93mm，总糖含量10.23%，可滴定酸含量0.79g/100mL，维生素C含量100.38mg/100g。果实外观品质好且甜酸无异味，而果实口感品质综合评价差。

【优异特性与利用价值】抗裂果。加工用枣。

【濒危状况及保护措施建议】在泰顺县各乡镇仅少数农户零星种植，种植分布少。建议在国家/省级资源圃内异地无性繁殖保存的同时，进一步加强在原生地的保护与管理。

7 富阳鸡心枣

【学　名】Rhamnaceae（鼠李科）Ziziphus（枣属）Ziziphus jujuba（枣）。
【采集地】浙江省杭州市富阳区。

【主要特征特性】树体乱头形。5月初开花，7月下旬枣外皮呈黄色，可采鲜枣食用，8月中旬即可采红枣。枣吊长度21.26cm，枣吊叶片数14。叶片无光泽、平展、绿色、椭圆形，叶尖锐尖，叶基偏斜形，叶缘钝锯齿状。果实卵圆形或长圆形，果肩平，果顶尖，果面光滑，果皮薄，果点密度中，梗洼深度深，梗洼广，萼片脱落，柱头宿存，果肉白色、较致密、粗细中等。平均单果重10.3g，果实横径25.23mm，果实纵径39.72mm，总糖含量11.99%，可滴定酸含量0.63g/100mL，维生素C含量88.47mg/100g。果核纺锤形，果实酸甜无异味，果实外观品质和口感品质综合评价中等。

【优异特性与利用价值】鸡心枣形如鸡心，采摘鲜枣食用，果小，味甜，品质佳。鲜食、观赏用。

【濒危状况及保护措施建议】仅剩零星几棵分布于当地村落，建议在国家/省级资源圃内异地无性繁殖保存的同时，进一步加强在原生地的保护与管理。

8 义乌大枣

【学　名】Rhamnaceae（鼠李科）*Ziziphus*（枣属）*Ziziphus jujuba*（枣）。
【采集地】浙江省金华市义乌市。

【主要特征特性】树体圆柱形，树势强。枣头紫褐色，蜡层少，无针刺。枣吊长度24.14cm，枣吊叶片数7。叶片长56.45mm，宽29.11mm，叶片平展、较光亮、绿色、卵圆形，叶尖钝尖，叶基圆形或偏斜形，叶缘钝锯齿状。果实圆柱形，果肩凸而果顶凹，果面粗糙，果皮厚度中等，果点中等大且密，梗洼深且狭，萼片脱落，柱头宿存，有核，果核纺锤形，核重0.65g，种仁较饱满，果肉白色、质地致密、肉粗且汁液少，果实酸且无异味。平均单果重21.4g，果实横径36.21mm，果实纵径42.71mm，总糖含量18.30%，可滴定酸含量1.19g/100mL，维生素C含量211.22mg/100g。

【优异特性与利用价值】果个大、高产、抗旱、耐贫瘠。观赏、加工用。

【濒危状况及保护措施建议】地方品种，有少量栽培。建议在国家/省级资源圃内异地无性繁殖保存的同时，进一步加强在原生地的保护与管理。

9 义乌平头马枣

【学　名】Rhamnaceae（鼠李科）Ziziphus（枣属）Ziziphus jujuba（枣）。
【采集地】浙江省金华市义乌市。

【主要特征特性】果实8月下旬成熟。枣头紫褐色，蜡层多，无针刺。枣吊长度26.62cm，枣吊叶片数9。叶片长57.85mm，宽30.92mm，叶片平展、较光亮、绿色、椭圆形，叶尖钝尖，叶基偏斜形或圆形，叶缘钝锯齿状。果实长圆形，果肩凸而果顶凹，果面光滑，果皮厚度中等，果点中等大且密，梗洼深且狭，萼片脱落，柱头宿存，有核，核重0.79g，果核椭圆形，种仁较饱满，果肉白色、质地致密、肉粗且汁液少，果实酸甜无异味。平均单果重21.7g，果实横径32.39mm，果实纵径44.21mm，总糖含量18.50%，可滴定酸含量1.30g/100mL，维生素C含量180.07mg/100g。果实外观品质好，果实口感品质综合评价差。

【优异特性与利用价值】高产、抗病、抗虫、抗旱、耐贫瘠。加工用枣。

【濒危状况及保护措施建议】地方品种，有少量栽培。建议在国家/省级资源圃内异地无性繁殖保存的同时，进一步加强在原生地的保护与管理。

10 柯城野生红枣

【学　名】Rhamnaceae（鼠李科）*Ziziphus*（枣属）*Ziziphus jujuba*（枣）。
【采集地】浙江省衢州市柯城区。

【主要特征特性】果实8月下旬成熟，高产，果个大。枣吊长度16.36cm，枣吊叶片数9。叶片长43.88mm，宽24.24mm，叶片绿色、平展、灰暗、卵圆形，叶尖急尖，叶基截形，叶缘钝锯齿状。果实长圆形或卵圆形，果肩和果顶平，果面光滑，果皮薄，果点大小和密度中等，梗洼浅且广，萼片脱落，柱头宿存，有核，果核倒纺锤形，种仁较饱满，核重0.42g，果肉白色、质地酥松、肉粗且汁液少，果实酸且无异味。平均单果重16.3g，果实横径28.30mm，果实纵径42.27mm，总糖含量17.87%，可滴定酸含量1.35g/100mL，维生素C含量299.00mg/100g。果实外观综合评价中等，果实口感品质综合评价极差。

【优异特性与利用价值】果个大，高产、抗病、抗虫、抗旱、耐贫瘠。适合做蜜饯。

【濒危状况及保护措施建议】地方品种，有少量栽培。建议在国家/省级资源圃内异地无性繁殖保存的同时，进一步加强在原生地的保护与管理。

11 建德圆粒枣

【学　名】Rhamnaceae（鼠李科）*Ziziphus*（枣属）*Ziziphus jujuba*（枣）。
【采集地】浙江省杭州市建德市。

【主要特征特性】枣吊长度15.5cm，枣吊叶片数11。叶片长40.5mm，宽23.2mm，叶片绿色、平展、卵圆形，叶尖急尖或钝尖，叶基圆楔形，叶缘钝锯齿状。果实圆形，果肩和果顶平，果面光滑，果皮薄，果点少，梗洼浅，萼片脱落，柱头宿存，有核，果核倒纺锤形，种仁较饱满，果肉白色、汁液中等，果实酸。平均单果重7.5g，总糖含量15.80%，可滴定酸含量2.3g/100mL，维生素C含量300.00mg/100g。果实外观综合评价中等，果实口感品质综合评价极差。

【优异特性与利用价值】抗病。适于观赏。

【濒危状况及保护措施建议】地方品种，有少量栽培。建议在国家/省级资源圃内异地无性繁殖保存的同时，进一步加强在原生地的保护与管理。

12 建德圆枣
【学　名】Rhamnaceae（鼠李科）*Ziziphus*（枣属）*Ziziphus jujuba*（枣）。
【采集地】浙江省杭州市建德市。

【主要特征特性】枣头浅灰色，蜡层多，针刺不发达。果实圆形或扁圆形，果肩凸，果顶凹，果面粗糙，果皮厚度中等，果点小、密，梗洼浅且广，萼片、柱头皆脱落，果肉白色、质地致密、粗细中等、汁液少，果实甜酸无异味且易裂，果核椭圆形，种仁较饱满。平均单果重9.1g，果实横径26.21mm，果实纵径24.87mm，总糖含量26.28%，可滴定酸含量1.47g/100mL，维生素C含量68.81mg/100g。果实外观品质和果实口感品质综合评价中等。

【优异特性与利用价值】果实甜酸，抗病。植株可用于绿化，果实可鲜食。

【濒危状况及保护措施建议】地方品种，有少量栽培。建议在国家/省级资源圃内异地无性繁殖保存的同时，进一步加强在原生地的保护与管理。

13 建德长粒枣

【学 名】Rhamnaceae（鼠李科）*Ziziphus*（枣属）*Ziziphus jujuba*（枣）。

【采集地】浙江省杭州市建德市。

【主要特征特性】树体乱头形。4月开花，果实9月底成熟。枣头红褐色，蜡层少，针刺发达。叶片平展，卵圆形。果实圆锥形，果肩凸，果顶尖，果面光滑，果皮厚度中等，果点小而密，梗洼深而广，萼片脱落，柱头宿存，果肉白色、质地致密、粗细中等、汁液少，果实甜酸无异味，果核为浅长核纹，种仁饱满。平均单果重7.9g，果实横径21.25mm，果实纵径34.79mm，总糖含量17.82%，可滴定酸含量1.22g/100mL，维生素C含量255.58mg/100g。果实外观品质和果实口感品质综合评价中等。

【优异特性与利用价值】抗裂果。植株可用于绿化。

【濒危状况及保护措施建议】地方品种，有少量栽培。建议在国家/省级资源圃内异地无性繁殖保存的同时，进一步加强在原生地的保护与管理。

14 宁海金丝小枣

【学　名】Rhamnaceae（鼠李科）*Ziziphus*（枣属）*Ziziphus jujuba*（枣）。
【采集地】浙江省宁波市宁海县。

【主要特征特性】果实8月下旬成熟。叶片平展、灰暗浅绿色、卵圆形或椭圆形，长36.62mm，宽19.87mm，叶尖钝尖，叶基圆形，叶缘钝锯齿状。果实倒卵圆形，果肩凸而果顶凹，果面光滑，果皮厚度中等，果点小而密，梗洼浅而广，萼片和柱头脱落，果核椭圆形、重0.45g，种仁较饱满，果肉白色、质地酥脆、细、汁液中等，果实酸甜无异味。平均单果重8.83g，果实横径24.37g，果实纵径27.50g，总糖含量21.11%，可滴定酸含量1.28g/100mL，维生素C含量178.21mg/100g。果实外观综合评价好，果实口感品质综合评价中等。

【优异特性与利用价值】耐盐碱，抗旱，耐贫瘠，果实酸甜无异味。植株可用于绿化，果实可鲜食。

【濒危状况及保护措施建议】地方品种，有少量栽培。建议在国家/省级资源圃内异地无性繁殖保存的同时，进一步加强在原生地的保护与管理。

15 奉化白蒲枣

【学　名】Rhamnaceae（鼠李科）*Ziziphus*（枣属）*Ziziphus jujuba*（枣）。

【采集地】浙江省宁波市奉化区。

【主要特征特性】枣头灰褐色，蜡层多，无针刺。枣吊长度24.58cm，枣吊叶片数14。叶片平展、灰暗浅绿色、卵圆形，长49.66mm，宽24.16mm，叶尖钝尖，叶基圆形，叶缘钝锯齿状。果实长圆形，果肩凸，果顶尖，果面粗糙，果皮薄，果点大小和密度中等，梗洼深且狭，萼片脱落，柱头宿存，果核椭圆形、重0.442g，种仁较饱满，果肉白色、质地酥脆、粗细中等、汁液中等，果实酸甜无异味。平均单果重6.9g，果实横径20.94mm，果实纵径30.06mm，总糖含量22.33%，可滴定酸含量1.28g/100mL，维生素C含量191.17mg/100g。

【优异特性与利用价值】抗裂果。植株可用于绿化，果实可鲜食。

【濒危状况及保护措施建议】仅剩零星几棵分布于当地村落，建议在国家/省级资源圃内异地无性繁殖保存的同时，进一步加强在原生地的保护与管理。

16 诸暨白蒲枣1号

【学 名】Rhamnaceae（鼠李科）Ziziphus（枣属）Ziziphus jujuba（枣）。
【采集地】浙江省绍兴市诸暨市。

【主要特征特性】枣头红褐色，蜡层多，针刺发达。枣吊长度12.02cm，枣吊叶片数6。叶片浅绿色、平展、椭圆形或卵圆形，长48.81cm，宽26.06cm，叶尖钝尖，叶基截形或圆形，叶缘钝锯齿状。果实长圆形，果肩凸，果顶平，果面光滑，果皮厚度中等，果点中等大小、密，梗洼浅而广，萼片、柱头皆宿存，果核纺锤形，种仁较饱满，果肉白色、质地致密、粗细中等、汁液少，果实甜酸无异味。平均单果重11.0g，果实横径25.76mm，果实纵径34.30mm，总糖含量21.75%，可滴定酸含量1.39g/100mL，维生素C含量208.49mg/100g。果实外观综合评价和果实口感品质综合评价中等。

【优异特性与利用价值】抗裂果，抗病。绿化。

【濒危状况及保护措施建议】仅剩零星几棵分布于当地村落，建议在国家/省级资源圃内异地无性繁殖保存的同时，进一步加强在原生地的保护与管理。

17 诸暨白蒲枣2号

【学 名】Rhamnaceae（鼠李科）Ziziphus（枣属）Ziziphus jujuba（枣）。
【采集地】浙江省绍兴市诸暨市。

【主要特征特性】枣头浅灰色，蜡层多，针刺发达。枣吊长度18.8cm，枣吊叶片数6。叶片平展卵状披针形或卵圆形、绿色、有光泽，长46.6mm，宽23.23mm，叶尖锐尖，叶基圆形，叶缘钝锯齿状。果实长圆形或圆柱形，果肩平，果顶尖，果面光滑，果皮薄，果点密，梗洼深而广，萼片脱落，柱头宿存，果核纺锤形，种仁较饱满，果肉白色、质地致密、粗细中等、汁液少，果实甜无异味。平均单果重10.2g，果实横径27.95mm，果实纵径39.31mm，总糖含量29.23%，可滴定酸含量1.17g/100mL，维生素C含量282.57mg/100g。果实外观和果实口感品质综合评价好。

【优异特性与利用价值】抗病，抗虫，总糖和维生素C含量高，果实外观和果实口感品质综合评价好。植株可用于绿化，果实可鲜食。

【濒危状况及保护措施建议】地方品种，有少量栽培。建议在国家/省级资源圃内异地无性繁殖保存的同时，进一步加强在原生地的保护与管理。

18 仙居野生枣1号

【学 名】Rhamnaceae（鼠李科）Ziziphus（枣属）Ziziphus jujuba（枣）。
【采集地】浙江省台州市仙居县。

【主要特征特性】枣头浅灰色，蜡层多，针刺不发达。枣吊长度22.66cm，枣吊叶片数8.8。叶片长46.02mm，宽22.68mm，浅绿色、平展、卵圆形，叶尖急尖，叶基圆形或偏斜形，叶缘钝锯齿状。果实圆形或扁圆形，果肩平，果顶凹，果面光滑，果皮厚度中，果点小且密，梗洼深而狭，萼片脱落，柱头宿存，果核椭圆形，种仁较饱满，果肉白色、质地致密、粗、汁液少，果实酸无异味。平均单果重4.2g，果实横径19.96mm，果实纵径21.38mm，总糖含量18.22%，可滴定酸含量1.71g/100mL，维生素C含量185.50mg/100g。果实外观综合评价中等，果实口感品质综合评价差。

【优异特性与利用价值】抗病，抗虫，抗逆。绿化或者作砧木。

【濒危状况及保护措施建议】仅剩零星几棵分布于当地村落，建议在国家/省级资源圃内异地无性繁殖保存的同时，进一步加强在原生地的保护与管理。

19 仙居安岭枣

【学 名】Rhamnaceae（鼠李科）*Ziziphus*（枣属）*Ziziphus jujuba*（枣）。
【采集地】浙江省台州市仙居县。

【主要特征特性】枣头浅灰色，蜡层多，针刺不发达。枣吊长度21.50cm，枣吊叶片数7.5。叶片长43.02mm，宽21.52mm，浅绿色、平展、卵圆形，叶尖急尖，叶基圆楔形或偏斜形，叶缘钝锯齿状。果实8月中旬成熟，圆形，果肩平，果顶凹，果面光滑，果皮厚度中，果点小且密，梗洼深而狭，萼片脱落，柱头宿存，果核椭圆形，种仁较饱满，果肉白色、质地致密、粗、汁液少，果实酸无异味。平均单果重4.1g，果实横径19.85mm，果实纵径20.33mm，总糖含量18.21%，可滴定酸含量1.56g/100mL，维生素C含量187.60mg/100g。果实外观综合评价中等，果实口感品质综合评价差。

【优异特性与利用价值】高产，优质，抗病，抗虫。绿化或者作砧木。

【濒危状况及保护措施建议】仅剩零星几棵分布于当地村落，建议在国家/省级资源圃内异地无性繁殖保存的同时，进一步加强在原生地的保护与管理。

20 台州野生枣

【学　名】Rhamnaceae（鼠李科）*Ziziphus*（枣属）*Ziziphus jujuba*（枣）。
【采集地】浙江省台州市仙居县。

【主要特征特性】枣头灰褐色，蜡层多，针刺不发达。枣吊长度10.14cm，枣吊叶片数7.6。叶片长59.56mm，宽26.01mm，绿色、较光亮、平展、卵状披针形，叶尖急尖，叶基圆形或偏斜形，叶缘钝锯齿状。果实长圆形或圆形，果肩凸，果顶凹，果面光滑，果皮薄，果点大小中等、密，梗洼深度中等、广，萼片脱落，柱头宿存，果核椭圆形，种仁较饱满，果肉白色且质地致密、粗而汁液少，果实甜酸无异味。平均单果重10.3g，果实横径26.79mm，果实纵径30.56mm，总糖含量20.07%，可滴定酸含量1.17g/100mL，维生素C含量255.62mg/100g。果实外观综合评价中等，果实口感品质综合评价差。

【优异特性与利用价值】抗病，抗逆，不裂果。绿化或者作砧木。

【濒危状况及保护措施建议】仅剩零星几棵分布于当地村落，建议在国家/省级资源圃内异地无性繁殖保存的同时，进一步加强在原生地的保护与管理。

21 桐乡牛奶枣

【学　名】Rhamnaceae（鼠李科）*Ziziphus*（枣属）*Ziziphus jujuba*（枣）。
【采集地】浙江省嘉兴市桐乡市。

【主要特征特性】枣吊长度15.46cm，枣吊叶片数7.6。叶片长64.39mm，宽25.16mm，浅绿色、平展、卵状披针形，叶尖锐尖，叶基圆楔形，叶缘钝锯齿状。果实卵圆形或长圆形，果肩凸，果顶尖，果面光滑，果皮薄，果点大小和密度中等，梗注深度和广度中等，萼片脱落，柱头宿存，果核纺锤形，种仁瘪，果肉白色、质地致密、细而汁液中等，果实甜无异味。平均单果重13.8g，果实横径25.71mm，果实纵径39.99mm，总糖含量28.01%，可滴定酸含量1.10g/100mL，维生素C含量220.18mg/100g。果实外观综合评价和果实口感品质综合评价好。

【优异特性与利用价值】总糖含量高，果实外观综合评价和果实口感品质综合评价好。鲜食。

【濒危状况及保护措施建议】地方品种，有少量栽培。建议在国家/省级资源圃内异地无性繁殖保存的同时，进一步加强在原生地的保护与管理。

22 桐乡串枣

【学 名】Rhamnaceae（鼠李科）Ziziphus（枣属）Ziziphus jujuba（枣）。
【采集地】浙江省嘉兴市桐乡市。

【主要特征特性】枣吊长度16.76cm，枣吊叶片数11.4。叶片长58.64mm，宽23.31mm，浅绿色、平展、椭圆形，叶尖钝尖，叶基圆形，叶缘钝锯齿状。果实长圆形，果肩平，果顶平，果面光滑，果皮薄，果点小而密度中等，梗洼深度和广度中等，萼片脱落，柱头宿存，果核纺锤形，种仁较饱满，果肉白色、质地致密、粗细和汁液中等，果实酸甜无异味。平均单果重12.0g，果实横径25.21mm，果实纵径32.78mm，总糖含量25.14%，可滴定酸含量1.12g/100mL，维生素C含量229.32mg/100g。果实外观综合评价差，果实口感品质综合评价中等。

【优异特性与利用价值】抗病虫，抗裂果。作砧木。

【濒危状况及保护措施建议】仅剩零星几棵分布于当地村落，建议在国家/省级资源圃内异地无性繁殖保存的同时，进一步加强在原生地的保护与管理。

23 磐安小枣

【学　名】Rhamnaceae（鼠李科）*Ziziphus*（枣属）*Ziziphus jujuba*（枣）。
【采集地】浙江省金华市磐安县。

【主要特征特性】枣吊长度15.72cm，枣吊叶片数7.2。叶片长50.42mm，宽26.09mm，浅绿色、平展、卵状披针形，叶尖钝尖，叶基圆楔形，叶缘钝锯齿状。果实圆形，果肩、果顶皆平，果面光滑，果皮薄，果点小而密，梗洼深、广度中等，萼片脱落，柱头宿存，果核椭圆形，种仁较饱满，果肉白色、质地致密、粗且汁液少，果实酸无异味。平均单果重6.2g，果实横径20.11mm，果实纵径27.96mm，总糖含量17.11%，可滴定酸含量1.34g/100mL，维生素C含量281.19mg/100g。果实外观综合评价中等，果实口感品质综合评价极差。

【优异特性与利用价值】抗病，抗虫，抗逆。作砧木。

【濒危状况及保护措施建议】仅剩零星几棵分布于当地村落，建议在国家/省级资源圃内异地无性繁殖保存的同时，进一步加强在原生地的保护与管理。

24 武义土枣

【学　名】Rhamnaceae（鼠李科）Ziziphus（枣属）Ziziphus jujuba（枣）。
【采集地】浙江省金华市武义县。

【主要特征特性】枣吊长度16.82cm，枣吊叶片数7.6。叶片长47.02mm，宽21.89mm，浅绿色、平展、卵圆形，叶尖钝尖，叶基偏斜形，叶缘钝锯齿状。果实9月中旬成熟，长圆形或者扁圆形，果肩凸，果顶凹，果面光滑，果皮薄，果点小且密，梗注深度中等、广度大，萼片、柱头皆脱落，果核椭圆形，种仁较饱满，果肉白且酥脆、细、汁液少，果实酸甜无异味。平均单果重6.3g，果实横径25.06mm，果实纵径24.91mm，总糖含量28.33%，可滴定酸含量1.01g/100mL，维生素C含量252.22mg/100g。果实外观综合评价和果实口感品质综合评价好。

【优异特性与利用价值】高产，优质，抗病，抗虫，广适，容易存活，果实外观综合评价和果实口感品质综合评价好。鲜食或者作砧木。

【濒危状况及保护措施建议】仅剩零星几棵分布于当地村落，建议在国家/省级资源圃内异地无性繁殖保存的同时，进一步加强在原生地的保护与管理。

25 嘉善野生枣
【学　名】Rhamnaceae（鼠李科）Ziziphus（枣属）Ziziphus jujuba（枣）。
【采集地】浙江省嘉兴市嘉善县。

【主要特征特性】枣头灰褐色，蜡层少，针刺不发达。枣吊长度23.38cm，枣吊叶片数11.8。叶片长50.52mm，宽21.05mm，浅绿色、合抱、卵圆形，叶尖钝尖，叶基偏斜形，叶缘钝锯齿状。果实11月下旬成熟，长圆形，果肩凸，果顶平，果面光滑，果皮薄，果点大且密，梗洼深且狭，萼片、柱头皆宿存，果核纺锤形，种仁较饱满，果肉白色、质地酥脆、肉细、汁液中等，果实极甜无异味。平均单果重11.8g，果实横径28.24mm，果实纵径41.84mm，总糖含量31.76%，可滴定酸含量1.23g/100mL，维生素C含量304.43mg/100g。果实外观综合评价和果实口感品质综合评价极好。

【优异特性与利用价值】总糖含量高，果实外观综合评价和果实口感品质综合评价极好。果实可鲜食、加工用。

【濒危状况及保护措施建议】仅剩零星几棵分布于当地村落，建议在国家/省级资源圃内异地无性繁殖保存的同时，进一步加强在原生地的保护与管理。

第六节　樱　　桃

1 诸暨野生樱桃

【学　名】Rosaceae（蔷薇科）*Prunus*（李属）*Cerasus*（樱亚属）*Prunus pseudocerasus*（中国樱桃）。

【采集地】浙江省绍兴市诸暨市。

【主要特征特性】株高约3.5m。一年生枝条黄褐色，多年生枝条上有红褐色与灰褐色相间深浅不一的环纹。幼叶黄绿色，有黏液，具蜜腺一对。腋芽单个离生。果实小，成熟时黑红色，味甜，果汁紫红色。

【优异特性与利用价值】在诸暨市发现相似一株。此种质成熟时比现有中国樱桃栽培种成熟时颜色深，也许会为培育深色品种提供资源。

【濒危状况及保护措施建议】地处海拔700多米高山，未经人为管理，建议在省级资源圃内无性繁殖异地保存，并加强在原生地的保护与管理。

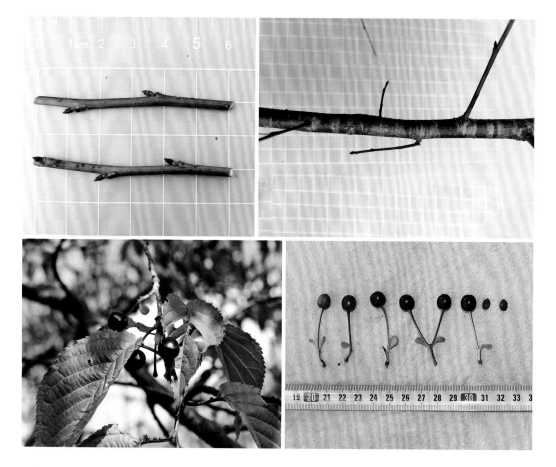

2 仙居野生樱桃

【学　名】Rosaceae（蔷薇科）Prunus（李属）Cerasus（樱亚属）Prunus pseudocerasus（中国樱桃）。

【采集地】浙江省台州市仙居具。

【主要特征特性】树干直立性强。一年生枝条有黄褐色茸毛。多年生枝条红褐色，皮孔明显。叶片长椭圆形，上卷，有密集茸毛，叶缘厚锯齿明显；叶柄短，叶基和叶柄处着生多对蜜腺。2月开花，4月底成熟，果实小，成熟时紫红色，核大。

【优异特性与利用价值】叶片及一年生枝条被多重茸毛，可能抗性比较强。

【濒危状况及保护措施建议】地处海拔700多米高山，未经人为管理，建议在省级资源圃内无性繁殖异地保存，并加强在原生地的保护与管理。

3 余姚短柄樱桃

【学　名】Rosaceae（蔷薇科）*Prunus*（李属）*Cerasus*（樱亚属）*Prunus pseudocerasus*（中国樱桃）。

【采集地】浙江省宁波市余姚市。

【主要特征特性】树冠开张，直立性较强。枝条灰色，皮孔明显。果实扁圆形，橙红色，有光泽，果肉淡黄色、质细、柔软多汁，酸甜可口，成熟季节遇雨易裂果。采用嫁接方法育苗。

【优异特性与利用价值】果实成熟早，品质优，已充分商业化栽培，在浙江地区樱桃鲜果供应市场中占有一定比例。

【濒危状况及保护措施建议】在浙江地区商业化种植分布较广，建议在省级资源圃内无性繁殖异地保存，暂时不需要保护。

4 梁弄红

【学　名】Rosaceae（蔷薇科）Prunus（李属）Cerasus（樱亚属）Prunus pseudocerasus（中国樱桃）。

【采集地】浙江省宁波市余姚市。

【主要特征特性】植株生长势强，树条开张，结果部位易外移。果实心脏形、紫红色，果形端正，果顶略突，果核大，果柄不易脱落，果肉淡黄色。平均单果重4.5g，盛果期（5～6年生）产量380kg/亩。

【优异特性与利用价值】果实较大，需避雨栽培。

【濒危状况及保护措施建议】已在宁波地区商业化栽培。建议在省级资源圃内无性繁殖异地保存，暂时不需要保护。

5 葛家坞一号

【学　名】Rosaceae（蔷薇科）*Prunus*（李属）*Cerasus*（樱亚属）*Prunus pseudocerasus*（中国樱桃）。

【采集地】浙江省杭州市桐庐县。

【主要特征特性】树势半开张，多为自然丛生形树体，需避雨栽培。枝条灰色。叶片平展、椭圆形，叶脉明显，叶背主脉突出。果实黄底红晕，肾形，完全成熟时鲜红色。

【优异特性与利用价值】鲜果优质，食用价值较高。

【濒危状况及保护措施建议】已在当地商业化种植，建议在省级资源圃内无性繁殖异地保存。

6 桐庐短柄樱桃

【学 名】Rosaceae（蔷薇科）Prunus（李属）Cerasus（樱亚属）Prunus pseudocerasus（中国樱桃）。

【采集地】浙江省杭州市桐庐县。

【主要特征特性】树冠开张。果实扁圆形、橙红色、有光泽，果皮薄，且与果肉较易分离，果肉淡黄色、质细、柔软多汁、酸甜可口。采用嫁接方法育苗。

【优异特性与利用价值】在浙江地区成熟早，果实品质优，市场占有量大。

【濒危状况及保护措施建议】在浙江地区种植分布较广，建议在省级资源圃内无性繁殖异地保存，暂时不需要保护。

7 宁海何野樱桃

【学　名】Rosaceae（蔷薇科）Prunus（李属）Cerasus（樱亚属）Prunus
pseudocerasus（中国樱桃）。

【采集地】浙江省宁波市宁海县。

【主要特征特性】树高达10m，丰产性强，老桩可以发枝。一年生枝皮褐色，腋芽单芽
离生。叶片平展，叶脉明显，蜜腺1对。3月下旬开花，5月上旬果实成熟，果实可以
鲜食。

【优异特性与利用价值】非栽培管理条件下，仍可以发枝并产果，抗性较强。

【濒危状况及保护措施建议】有农户零星种植。建议在省级资源圃内无性繁殖异地保存
的同时，加强在原生地的保护与管理。

第七节　石　　榴

1 宁海本地石榴

【学　名】Lythraceae（千屈菜科）*Punica*（石榴属）*Punica granatum*（石榴）。
【采集地】浙江省宁波市宁海县。

【主要特征特性】果皮红色，果肉白色，硬籽。9～10月成熟。果实性状表现较差，商品性不足。

【优异特性与利用价值】可作为遗传多样性评价研究材料。

【濒危状况及保护措施建议】仅有1株，建议在国家/省级资源圃内异地无性繁殖保存的同时，进一步加强在原生地的保护与管理。

2 永康土石榴

【学　名】Lythraceae（千屈菜科）*Punica*（石榴属）*Punica granatum*（石榴）。

【采集地】浙江省金华市永康市。

【主要特征特性】果皮青色，硬籽。当地10月上旬成熟。果面不光洁，色泽较差，商品性不足。

【优异特性与利用价值】可作为遗传多样性评价研究材料。

【濒危状况及保护措施建议】建议在国家/省级资源圃内异地无性繁殖保存的同时，进一步加强在原生地的保护与管理。

3 遂昌土石榴

【学　名】Lythraceae（千屈菜科）*Punica*（石榴属）*Punica granatum*（石榴）。
【采集地】浙江省丽水市遂昌县。

【主要特征特性】果皮粉红色，果肉红色，硬籽，果汁酸甜型。果面不光洁，商品性不足。7月中旬成熟。

【优异特性与利用价值】成熟早，口感相对较好，可以作为育种亲本进行人工杂交培育早熟优质石榴新品种。

【濒危状况及保护措施建议】建议在国家/省级资源圃内异地无性繁殖保存的同时，进一步加强在原生地的保护与管理。

4 定海土石榴

【学 名】Lythraceae（千屈菜科）*Punica*（石榴属）*Punica granatum*（石榴）。
【采集地】浙江省舟山市定海区。

【主要特征特性】果皮红色，果肉淡粉红色，硬籽。商品性不足。

【优异特性与利用价值】可作为遗传多样性评价研究材料。

【濒危状况及保护措施建议】建议在国家/省级资源圃内异地无性繁殖保存的同时，进一步加强在原生地的保护与管理。

5 临安土石榴1号

【学　名】Lythraceae（千屈菜科）*Punica*（石榴属）*Punica granatum*（石榴）。
【采集地】浙江省杭州市临安区。

【主要特征特性】果皮红色，果肉粉红色，硬籽，味甜。10月底成熟。

【优异特性与利用价值】可作为遗传多样性评价研究材料。

【濒危状况及保护措施建议】建议在国家/省级资源圃内异地无性繁殖保存的同时，进一步加强在原生地的保护与管理。

6 临安土石榴2号

【学　名】Lythraceae（千屈菜科）Punica（石榴属）Punica granatum（石榴）。

【采集地】浙江省杭州市临安区。

【主要特征特性】果实小，籽粒小，味酸。商品性不足。

【优异特性与利用价值】观赏用。可作为遗传多样性评价研究材料。

【濒危状况及保护措施建议】建议在国家/省级资源圃内异地无性繁殖保存的同时，进一步加强在原生地的保护与管理。

7 建德土石榴1号

【学 名】Lythraceae（千屈菜科）*Punica*（石榴属）*Punica granatum*（石榴）。
【采集地】浙江省杭州市建德市。

【主要特征特性】果皮粉红色，果肉粉红色，硬籽。9月成熟。商品性较差。

【优异特性与利用价值】可作为遗传多样性评价研究材料。

【濒危状况及保护措施建议】建议在国家/省级资源圃内异地无性繁殖保存的同时，进一步加强在原生地的保护与管理。

8 建德土石榴2号

【学　名】Lythraceae（千屈菜科）*Punica*（石榴属）*Punica granatum*（石榴）。
【采集地】浙江省杭州市建德市。

【主要特征特性】果皮粉红色，果肉粉红色，硬籽。9～10月成熟。结果性尚可，商品性较差。

【优异特性与利用价值】坐果率高，可以作为育种亲本进行人工杂交培育丰产新品种。

【濒危状况及保护措施建议】建议在国家/省级资源圃内异地无性繁殖保存的同时，进一步加强在原生地的保护与管理。

9 桐乡土石榴

【学　名】Lythraceae（千屈菜科）*Punica*（石榴属）*Punica granatum*（石榴）。
【采集地】浙江省嘉兴市桐乡市。

【主要特征特性】果皮青色，间有粉色，果肉白色，硬籽，味酸甜，水分少，口感一般。11月上旬成熟。商品性较差。

【优异特性与利用价值】可作为遗传多样性评价研究材料。

【濒危状况及保护措施建议】建议在国家/省级资源圃内异地无性繁殖保存的同时，进一步加强在原生地的保护与管理。

10 仙居土石榴　【学　名】Lythraceae（千屈菜科）*Punica*（石榴属）*Punica granatum*（石榴）。
【采集地】浙江省台州市仙居县。

【主要特征特性】果皮淡粉红色，果肉粉红色，硬籽，味甜。

【优异特性与利用价值】可作为遗传多样性评价研究材料。

【濒危状况及保护措施建议】单株，可适当扩繁，就地保存，并异地保存于资源圃。

11 长兴土石榴

【学　名】Lythraceae（千屈菜科）Punica（石榴属）Punica granatum（石榴）。
【采集地】浙江省湖州市长兴县。

【主要特征特性】果皮粉红色，果肉白色，硬籽，味酸。商品性较差。

【优异特性与利用价值】可作为遗传多样性评价研究材料。

【濒危状况及保护措施建议】建议在国家/省级资源圃内异地无性繁殖保存的同时，进一步加强在原生地的保护与管理。

12 柯城野生石榴

【学　名】Lythraceae（千屈菜科）*Punica*（石榴属）*Punica granatum*（石榴）。
【采集地】浙江省衢州市柯城区。

【主要特征特性】果皮粉红色，果肉粉红色，硬籽。10月上旬成熟。商品性较差。

【优异特性与利用价值】可作为遗传多样性评价研究材料。

【濒危状况及保护措施建议】建议在国家/省级资源圃内异地无性繁殖保存的同时，进一步加强在原生地的保护与管理。

第 四 章

浙江省浆果类果树种质资源

第一节 葡 萄

1 甲州三尺　【学　名】Vitaceae（葡萄科）*Vitis*（葡萄属）*Vitis vinifera*（欧洲葡萄）。
【采集地】浙江省宁波市余姚市。

【主要特征特性】嫩梢形态开张，不含花青素，茸毛疏。新梢生长半直立，节间背侧红色条纹、腹侧绿。幼叶上表面黄绿色，茸毛无。成熟叶片单叶、五裂、五角形，上、下裂刻开张，大小181.9cm²，叶柄长8.9cm，绿色，叶面平展，泡状凸起弱，锯齿形状双侧直，锯齿长度与锯齿宽度之比为1.0，叶柄洼开叠类型窄拱形，叶脉花青素弱，背面主脉间匍匐茸毛无。果穗分枝形，中等紧密，穗重340.3g，穗长18.1cm，穗梗长达7.8cm。果粒椭圆形、黄绿色、较均匀，果梗、果粒分离难，单粒重4.5g、大小4.37cm²，果皮易剥，果皮厚、韧、无涩味，果肉软、汁液多，平均可溶性固形物含量16.2%，口味酸甜，种子1～2粒。田间表现中抗白腐病、灰霉病。当地农户认为虽然果粒较小，但其串长、串上结实多。

【优异特性与利用价值】田间抗性强，不掉粒、不裂果，可用作葡萄育种材料和制汁、酿酒。

【濒危状况及保护措施建议】在余姚仅少数农户零星种植，建议在资源圃妥善保存的同时，适当扩大种植面积。

2 金皇后

【学　名】Vitaceae（葡萄科）*Vitis*（葡萄属）*Vitis vinifera-labrusca*（欧美杂交种葡萄）。

【采集地】浙江省宁波市余姚市。

【主要特征特性】嫩梢形态开张，不含花青素，茸毛中密。新梢生长半直立，节间红。幼叶上表面黄绿色，茸毛密。成熟叶片单叶、五裂、五角形、上、下裂刻开张，大小129.4cm^2，叶柄长7.1cm，绿色，叶面平展，泡状凸起弱，锯齿形状双侧凸，锯齿长度与锯齿宽度之比为0.98，叶柄洼开叠类型闭合，叶柄红，叶脉花青素中，背面主脉间匍匐茸毛密。果穗圆锥形，紧密，穗重441.2g。果实椭圆形、黄绿色、均匀，果梗、果粒分离难，单粒重6.9g、大小6.16cm^2，果皮易剥，果皮中厚、韧、无涩味，果肉软、汁液多，平均可溶性固形物含量20.2%，口味甜，种子2～3粒。田间表现高抗白腐病。当地农户认为果粒色泽金黄，味道甜，口感好。

【优异特性与利用价值】田间抗性强，坐果性好，不掉粒、不裂果，可用作葡萄育种材料。

【濒危状况及保护措施建议】在余姚少数农户种植，建议在资源圃妥善保存的同时，适当扩大种植面积，加强在原生地的保护与管理。

3 德清野葡萄
【学　名】Vitaceae（葡萄科）Ampelopsis（蛇葡萄属）Ampelopsis glandulosa（蛇葡萄）。
【采集地】浙江省湖州市德清县。

【主要特征特性】嫩梢形态开张，不含花青素，茸毛少。新梢生长半下垂，节间腹侧、背侧绿，圆柱形，有棱纹，密生直立茸毛。幼叶上表面绿色，背面主脉间匍匐茸毛无。成熟叶片单叶、全缘、心形，大小113.5cm^2，叶柄长8.1cm，绿色，叶面平展，锯齿形状双侧凸，锯齿长度与锯齿宽度之比为0.88，叶柄洼开叠类型开张，叶脉无花青素，背面主脉间匍匐茸毛无。两性花，聚伞花序。果实扁圆形，果梗、果粒分离易，单粒重0.2g，大小0.72cm^2，紫色，果面有小黑点，果皮易剥，果肉白、清香，种子2～4粒。
【优异特性与利用价值】田间抗性强。果实可清热解毒、祛风活络、止痛、止血、敛疮，具有药用价值。
【濒危状况及保护措施建议】野生状态，建议在资源圃收集保存。

4 上虞野葡萄

【学　名】Vitaceae（葡萄科）*Vitis*（葡萄属）*Vitis bryoniifolia*（蘡薁）

【采集地】浙江省绍兴市上虞区。

【主要特征特性】新梢梢尖闭合、密被丝状茸毛，以后脱落变稀疏。幼叶上表面黄绿色，叶片长卵圆形，3～5裂、裂刻深，中裂片顶端急尖至渐尖，叶基部心形或深心形，开张，叶片背面密被丝状茸毛；叶柄长0.5～4.5cm，初时密被丝状茸毛，以后脱落变稀疏。花杂性异株；圆锥花序与叶对生；花序梗长0.5～2.5cm，初时被蛛丝状茸毛，以后变稀疏。果实球形，成熟时紫红色，直径0.5～0.8cm。花期4～5月，果期5～8月。

【优异特性与利用价值】耐湿、抗病。果实可清热解毒、祛风除湿、止血、消肿，具有药用价值。

【濒危状况及保护措施建议】野生，极少栽培，建议在资源圃收集保存，同时加强在原生地的保护与管理。

5 富阳野葡萄

【学　名】Vitaceae（葡萄科）*Vitis*（葡萄属）*Vitis davidii*（刺葡萄）。
【采集地】浙江省杭州市富阳区。

【主要特征特性】新梢形态开张，无茸毛，圆柱形，纵棱纹幼时不明显，密被皮刺，无毛。卷须分叉，间断着生。幼叶深红褐色，叶片卵圆形、全缘，先端渐尖，基部心形，叶缘有小锯齿，叶片下表面主脉上有丝状茸毛，基生脉5出，叶脉明显，叶片长12.6cm，宽11.5cm。花序圆锥形，两性花。果实近圆形，成熟时紫黑色，单粒重2.0～4.0g，直径1.5～2.0cm，果皮厚。种子2～4粒，倒卵椭圆形。花期5月，果期7～9月。

【优异特性与利用价值】具有果皮厚、果粉厚、转色好、酸甜、抗病性强等特点，是中国珍贵野生葡萄种类，可用于育种和酿酒。

【濒危状况及保护措施建议】野生状态，有零星种植，建议在资源圃妥善保存的同时，适当扩大种植面积，加强在原生地的保护与管理。

6 桐庐野葡萄

【学　名】Vitaceae（葡萄科）*Vitis*（葡萄属）*Vitis davidii*（刺葡萄）。
【采集地】浙江省杭州市桐庐县。

【主要特征特性】新梢形态开张，无茸毛，圆柱形，纵棱纹幼时不明显，密被皮刺，无毛。卷须分叉，间断着生。幼叶深红褐色，叶片卵圆形或卵椭圆形、全缘，先端渐尖，基部心形，叶缘有小锯齿，叶片下表面主脉上有丝状茸毛，基生脉5出，叶脉明显，叶片长15.2cm，宽14.9cm。花序圆锥形，两性花。果实近圆形，成熟时紫红色，单粒重2.0～4.0g，直径1.5～2.0cm，果皮厚。种子2～4粒，倒卵椭圆形。花期5月，果期7～9月。

【优异特性与利用价值】具有果皮厚、果粉厚、转色好、酸甜、抗病性强等特点，是中国珍贵野生葡萄种类，可用于育种和酿酒。

【濒危状况及保护措施建议】处于野生状态，有零星种植，建议在资源圃妥善保存的同时，适当扩大种植面积，加强在原生地的保护与管理。

7 淳安野葡萄

【学　名】Vitaceae（葡萄科）Vitis（葡萄属）Vitis davidii（刺葡萄）。
【采集地】浙江省杭州市淳安县。

【主要特征特性】新梢形态开张，无茸毛，圆柱形，纵棱纹幼时不明显，密被皮刺，无毛。卷须分叉，间断着生。幼叶浅红褐色，叶片卵椭圆形、全缘，先端渐尖，基部心形，叶缘有小锯齿，叶片下表面主脉上有丝状茸毛，基生脉5出，叶脉明显，叶片长9.1cm，宽10.9cm。花序圆锥形，两性花。果实近圆形，成熟时紫红色，单粒重2.5g，直径1.1cm，果皮厚。种子2～3粒。花期5月，果期7～9月。

【优异特性与利用价值】具有果皮厚、果粉厚、转色好、酸甜、抗病性强等特点，是中国珍贵野生葡萄种类，可用于育种和酿酒。

【濒危状况及保护措施建议】在浙江分布较广泛，多数处于野生状态，基本没有种植，建议在资源圃妥善保存的同时，适当扩大种植面积，加强在原生地的保护与管理。

8 宁海野葡萄

【学　名】Vitaceae（葡萄科）Vitis（葡萄属）Vitis davidii（刺葡萄）。

【采集地】浙江省宁波市宁海县。

【主要特征特性】新梢形态开张，无茸毛，密被皮刺，无毛。卷须分叉，间断着生。幼叶深红褐色，叶片卵椭圆形、全缘，先端渐尖，基部心形，叶缘有小锯齿，叶片下表面主脉上有丝状茸毛，基生脉5出，叶脉明显，叶片长11.3cm，宽12.1cm。花序圆锥形。果实近圆形，成熟时紫红色，果粒小，果皮厚。

【优异特性与利用价值】具有果皮厚、酸甜、抗病性强等特点，是中国珍贵野生葡萄种类，可用于育种和酿酒。

【濒危状况及保护措施建议】多数处于野生状态，基本没有种植，建议在资源圃妥善保存的同时，适当扩大种植面积，加强在原生地的保护与管理。

9 诸暨野生刺葡萄

【学　名】Vitaceae（葡萄科）*Vitis*（葡萄属）*Vitis davidii*（刺葡萄）。
【采集地】浙江省绍兴市诸暨市。

【主要特征特性】新梢形态开张，无茸毛，圆柱形，纵棱纹幼时不明显，密被皮刺，无毛。卷须分叉，间断着生。幼叶深红褐色，叶片卵圆形、全缘，先端渐尖，基部心形，叶缘有小锯齿，叶片下表面主脉上有丝状茸毛，基生脉5出，叶脉明显，叶片长13.2cm，宽14.1cm。花序圆锥形，两性花。果实近圆形，成熟时紫黑色，果粒小，果皮厚。花期5月，果期7～9月。

【优异特性与利用价值】具有果皮厚、果粉厚、酸甜、抗病性强等特点，是中国珍贵野生葡萄种类，可用于育种和酿酒。

【濒危状况及保护措施建议】多数处于野生状态，基本没有种植，建议在资源圃妥善保存的同时，适当扩大种植面积，加强在原生地的保护与管理。

10 仙居野生小葡萄

【学　名】Vitaceae（葡萄科）Vitis（葡萄属）Vitis heyneana（毛葡萄）。

【采集地】浙江省台州市仙居县。

【主要特征特性】嫩梢形态较开张，茸毛密。新梢圆柱形，有纵棱纹，有灰白色蛛丝状茸毛。幼叶上表面红褐色，背面主脉间匍匐茸毛密。叶片卵圆形，顶端急尖或渐尖，基部心形，叶柄洼开展，上表面绿色，下表面密生灰白色茸毛，叶全缘、边缘有小锯齿，叶片基生脉5出，侧脉4～6对。花杂性异株；花序圆锥形。果实近圆形、小，单粒重2.6g，成熟时紫黑色。种子倒卵形。花期5～6月，果期7～10月。当地农户认为其高产、抗病、抗虫。

【优异特性与利用价值】抗病性、抗虫性较好，可用于酿造毛葡萄酒。

【濒危状况及保护措施建议】野生状态，建议在资源圃妥善保存的同时，适当扩大种植面积，加强在原生地的保护与管理。

11 仙居野葡萄（小叶）

【学　名】Vitaceae（葡萄科）*Vitis*（葡萄属）*Vitis zhejiang-adstricta*（浙江蔓荬）。

【采集地】浙江省台州市仙居县。

【主要特征特性】嫩梢形态较开张，茸毛密。嫩枝有纵棱纹，疏被白色丝状茸毛，老后脱落，卷须分叉。幼叶上表面绿色，背面主脉间匍匐茸毛密，叶片心状卵形或心状五角形，上部叶不裂或不明显3浅裂，下部叶深裂，边缘有小锯齿，叶片上表面疏被丝状茸毛，以后脱落，下表面密被白色茸毛，基生脉5出。花序圆锥形。果实近圆形。花期5月，果期8月。

【优异特性与利用价值】抗病性、抗虫性较好，生长势旺。

【濒危状况及保护措施建议】分布在山谷溪边，野生状态，基本没有种植，建议在资源圃妥善保存的同时，适当扩大种植面积，加强在原生地的保护与管理。

12 仙居野葡萄（大叶）

【学　名】Vitaceae（葡萄科）*Vitis*（葡萄属）*Vitis davidii*（刺葡萄）。

【采集地】浙江省台州市仙居县。

【主要特征特性】新梢形态开张，无茸毛，密被皮刺，无毛。卷须分叉，间断着生。幼叶深红褐色，叶片卵圆形或卵椭圆形、全缘，先端渐尖、基部心形，叶缘有小锯齿，叶片下表面主脉上有丝状茸毛，基生脉5出，叶脉明显，叶片长13.8cm，宽11.6cm。花序圆锥形。果实近圆形，成熟时紫红色、紫黑色，果粒小，果皮厚，有种子。

【优异特性与利用价值】具有果皮厚、果粉厚、转色好、酸甜、抗病性强等特点，是中国珍贵野生葡萄种类，可用于育种和酿酒。

【濒危状况及保护措施建议】多数处于野生状态，基本没有种植，建议在资源圃妥善保存的同时，适当扩大种植面积，加强在原生地的保护与管理。

13 武义野葡萄

【学　名】Vitaceae（葡萄科）*Vitis*（葡萄属）*Vitis davidii*（刺葡萄）。
【采集地】浙江省金华市武义县。

【主要特征特性】新梢形态开张，无茸毛，被皮刺。卷须分叉，间断着生。幼叶红褐色，叶片卵圆形或卵椭圆形、全缘，先端渐尖、基部心形，叶缘有小锯齿，叶片下表面主脉上有丝状茸毛，基生脉5出，叶脉明显，叶片长14.1cm，宽18.3cm。花序圆锥形。果实近圆形，成熟时紫红色、紫黑色，果粒小，果皮厚，有种子。

【优异特性与利用价值】具有果皮厚、转色好、酸甜、抗病性强等特点，是中国珍贵野生葡萄种类，可用于育种和酿酒。

【濒危状况及保护措施建议】多数处于野生状态，基本没有种植，建议在资源圃妥善保存的同时，适当扩大种植面积，加强在原生地的保护与管理。

第二节 猕 猴 桃

1 淳安苹果猕猴桃

【学　名】Actinidiaceae（猕猴桃科）*Actinidia*（猕猴桃属）*Actinidia chinensis*（中华猕猴桃）。

【采集地】浙江省杭州市淳安县。

【主要特征特性】野生猕猴桃资源，雌株，形似苹果。

【优异特性与利用价值】野生资源，抗病性强，抗虫性强，可作为育种材料。

【濒危状况及保护措施建议】存活于野外，因开垦等因素可能会丢失，建议将其移植或扦插扩繁，保存于资源圃。

2 淳安大叶猕猴桃

【学　名】Actinidiaceae（猕猴桃科）*Actinidia*（猕猴桃属）*Actinidia chinensis*（中华猕猴桃）。

【采集地】浙江省杭州市淳安县。

【主要特征特性】野生猕猴桃资源，雌株。

【优异特性与利用价值】抗逆性强，较抗虫、抗病。可作为野生资源保存，果实可酿酒。

【濒危状况及保护措施建议】当地野生资源，生长于路边，可嫁接观察结果性状与稳定性。

3 淳安红心猕猴桃

【学　名】Actinidiaceae（猕猴桃科）*Actinidia*（猕猴桃属）*Actinidia chinensis*（中华猕猴桃）。

【采集地】浙江省杭州市淳安县。

【主要特征特性】野生猕猴桃资源，雌株。叶片较小，阔卵形。果实倒卵形，黄肉，果心周围带红色。

【优异特性与利用价值】黄肉猕猴桃资源，黄中带红，品质佳，味道甜，但果形较小。优异资源，可取接穗，嫁接后观测表现，配合适当花粉，可培育大果形黄肉红心猕猴桃资源。可作为野生资源保存。

【濒危状况及保护措施建议】建议保存至资源圃。

4 淳安黄心猕猴桃

【学　名】Actinidiaceae（猕猴桃科）*Actinidia*（猕猴桃属）*Actinidia chinensis*（中华猕猴桃）。

【采集地】浙江省杭州市淳安县。

【主要特征特性】野生猕猴桃资源，雌性。叶片心脏形。果实短圆柱形，黄肉。果形小，产量高。

【优异特性与利用价值】野生资源，黄肉，种子较多。鲜食品质佳，可酿酒。可作为育种材料。

【濒危状况及保护措施建议】生长于树林间，易流失，建议保存该野生资源。

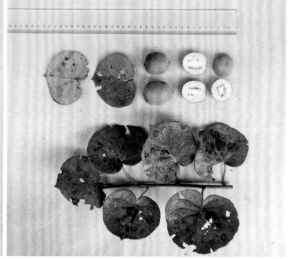

5 淳安绿肉猕猴桃

【学 名】Actinidiaceae（猕猴桃科）Actinidia（猕猴桃属）Actinidia chinensis（中华猕猴桃）。

【采集地】浙江省杭州市淳安县。

【主要特征特性】野生猕猴桃资源，雌株。叶片近扇形。果实短圆柱形，种子多，味道较差，口味酸涩。

【优异特性与利用价值】野生黄肉资源，产量高，抗逆性强，可作为育种材料。

【濒危状况及保护措施建议】生长于树林间，容易流失，需移植保存于资源圃。

6 淳安小猕猴桃

【学　名】Actinidiaceae（猕猴桃科）*Actinidia*（猕猴桃属）*Actinidia chinensis*（中华猕猴桃）。

【采集地】浙江省杭州市淳安县。

【主要特征特性】野生猕猴桃资源。叶片阔倒卵形。5月开花，果实10月成熟。果实小，黄肉，种子较多。

【优异特性与利用价值】野生黄肉资源，味道好，产量高，可酿酒。

【濒危状况及保护措施建议】野生资源，建议保护、保存。

7 淳安粗皮猕猴桃

【学　名】Actinidiaceae（猕猴桃科）Actinidia（猕猴桃属）Actinidia chinensis（中华猕猴桃）。

【采集地】浙江省杭州市淳安县。

【主要特征特性】野生猕猴桃资源。叶片阔卵形。果实倒卵形，果皮褐色，黄肉，种子较多。

【优异特性与利用价值】黄肉资源，果实风味佳，产量高，抗逆性强，可鲜食、酿酒。可作为育种材料培育高产品种。

【濒危状况及保护措施建议】建议保存于资源圃。

8 淳安长脖猕猴桃

【学　名】Actinidiaceae（猕猴桃科）*Actinidia*（猕猴桃属）*Actinidia chinensis*（中华猕猴桃）。

【采集地】浙江省杭州市淳安县。

【主要特征特性】野生猕猴桃资源。叶片阔卵形。果实长椭圆形，黄肉，种子较多。

【优异特性与利用价值】黄肉资源，甜度高，高产。可鲜食，可酿酒。

【濒危状况及保护措施建议】野外生长，建议移植或嫁接保存。

9 建德猕猴桃1号

【学　名】Actinidiaceae（猕猴桃科）*Actinidia*（猕猴桃属）*Actinidia chinensis*（中华猕猴桃）。

【采集地】浙江省杭州市建德市。

【主要特征特性】野生猕猴桃资源。果实椭圆形，被短茸毛，果面有灰白色斑点，果形较小。

【优异特性与利用价值】抗虫性强，耐贫瘠，可作为野生资源保存，果实可酿酒。

【濒危状况及保护措施建议】野生黄肉猕猴桃资源，建议保存至资源圃。

10 建德猕猴桃2号

【学　名】Actinidiaceae（猕猴桃科）*Actinidia*（猕猴桃属）*Actinidia chinensis*（中华猕猴桃）。

【采集地】浙江省杭州市建德市。

【主要特征特性】野生猕猴桃资源。植株藤蔓茂盛。果实圆球形，果形较小，种子较小。

【优异特性与利用价值】耐贫瘠，长势旺，可作为野生资源保存。果实高糖高酸，可酿酒。

【濒危状况及保护措施建议】野生资源，容易流失，建议移植至资源圃。

11 宁海野生猕猴桃1号

【学　名】Actinidiaceae（猕猴桃科）*Actinidia*（猕猴桃属）
Actinidia chinensis（中华猕猴桃）。

【采集地】浙江省宁波市宁海县。

【主要特征特性】野生黄肉猕猴桃资源。叶片心形。果实椭圆形，被毛短且少，种子数量一般。

【优异特性与利用价值】黄肉猕猴桃资源，抗逆性强，丰产，可作为野生资源保存，可作为育种材料。

【濒危状况及保护措施建议】野生资源，抗逆性强，建议保存至资源圃。

12 宁海野生猕猴桃 2 号

【学　名】Actinidiaceae（猕猴桃科）*Actinidia*（猕猴桃属）*Actinidia chinensis*（中华猕猴桃）。

【采集地】浙江省宁波市宁海县。

【主要特征特性】野生黄肉猕猴桃资源。叶片近扇形。果实长椭圆形，种子多。

【优异特性与利用价值】高产，丰产，抗逆性较强，可作为野生资源保存，也可作为育种材料，果实可酿酒。

【濒危状况及保护措施建议】林间生长，丰产，建议保存资源。

13 宁海野生猕猴桃3号

【学　名】Actinidiaceae（猕猴桃科）Actinidia（猕猴桃属）Actinidia chinensis（中华猕猴桃）。

【采集地】浙江省宁波市宁海县。

【主要特征特性】野生猕猴桃资源，雌株。叶片卵圆形，叶缘粗锯齿形。果实无毛，长椭圆形，果形小，果面带棕褐色斑点。

【优异特性与利用价值】野生无毛资源，高产，抗逆性强，丰产，可作为野生资源保存，也可作为育种材料。果实可酿酒。

【濒危状况及保护措施建议】资源较稀少，产量高，野外生存易流失，建议移栽或嫁接保存至资源圃。

14 奉化野生猕猴桃

【学　名】Actinidiaceae（猕猴桃科）*Actinidia*（猕猴桃属）*Actinidia chinensis*（中华猕猴桃）。

【采集地】浙江省宁波市奉化区。

【主要特征特性】野生猕猴桃资源。

【优异特性与利用价值】抗病性强，抗虫性强，果实可鲜食、酿酒，根可药用，茎可造纸。

【濒危状况及保护措施建议】野外生长，建议移植或保存至资源圃。

15 奉化藤梨1号

【学　名】Actinidiaceae（猕猴桃科）*Actinidia*（猕猴桃属）*Actinidia chinensis* var. *deliciosa*（美味猕猴桃）。

【采集地】浙江省宁波市奉化区。

【主要特征特性】叶片阔卵形。果实长圆形，种子较少，黄肉。

【优异特性与利用价值】抗逆性较强，果形一般，较普通野生资源大，可作为野生资源保存，可作为育种材料。果实可酿酒。

【濒危状况及保护措施建议】野生资源被引下山，在半野生状态下保持了较好性状，建议就地保存。

16 奉化藤梨2号

【学　名】Actinidiaceae（猕猴桃科）*Actinidia*（猕猴桃属）*Actinidia chinensis*（中华猕猴桃）。

【采集地】浙江省宁波市奉化区。

【主要特征特性】野生资源移植到自家院落。叶片阔卵形。果实短圆形，果皮光滑，果肉黄色，种子少。

【优异特性与利用价值】耐贫瘠，可作为野生资源保存，可作为育种材料。果实可药用、可酿酒。

【濒危状况及保护措施建议】自家种植，容易存活，可作篱笆，建议就地保存。

17 武义藤梨

【学　名】Actinidiaceae（猕猴桃科）*Actinidia*（猕猴桃属）*Actinidia chinensis*（中华猕猴桃）。

【采集地】浙江省金华市武义县。

【主要特征特性】野生黄肉猕猴桃资源。叶片阔卵形。果实短椭圆形，果肉黄色，种子多。

【优异特性与利用价值】产量高，耐贫瘠，抗逆性强。果实可鲜食、可酿酒。

【濒危状况及保护措施建议】当地该资源较丰富，野生，建议移植至资源圃保存。

18 武义圆藤梨

【学　名】Actinidiaceae（猕猴桃科）*Actinidia*（猕猴桃属）*Actinidia chinensis*（中华猕猴桃）。

【采集地】浙江省金华市武义县。

【主要特征特性】野生猕猴桃资源。叶片阔卵形。果实短圆柱形，果面被褐色斑点，较粗糙，被毛浅，绿肉，种子较多。

【优异特性与利用价值】产量高，耐贫瘠，抗逆性较强，抗病性一般，可作为野生资源保存，可作为育种材料。果实鲜食口味较差，多用于酿酒。

【濒危状况及保护措施建议】山林野生，植株繁殖力较强，当地将果实用于酿酒。建议在资源圃保存。

19 武义野生猕猴桃

【学 名】Actinidiaceae（猕猴桃科）*Actinidia*（猕猴桃属）*Actinidia chinensis*（中华猕猴桃）。

【采集地】浙江省金华市武义县。

【主要特征特性】野生猕猴桃资源，雌株。果实小，倒卵形，果面被褐色斑点，较粗糙，短刺毛，黄肉，种子多。

【优异特性与利用价值】较丰产，抗逆性强，耐贫瘠，可作为野生资源保存，可作为育种材料。果实鲜食口味佳，也可酿酒。

【濒危状况及保护措施建议】当地山林野生，并适当半野生种植，建议保存至资源圃。

20 武义白猕猴桃1号

【学　名】Actinidiaceae（猕猴桃科）*Actinidia*（猕猴桃属）*Actinidia eriantha*（毛花猕猴桃）。

【采集地】浙江省金华市武义县。

【主要特征特性】野生毛花猕猴桃资源，雌株。叶片卵圆形，正面深绿色，背面灰白色。果实圆柱形，被白毛，果肉绿色，种子较多，中柱明显。

【优异特性与利用价值】抗逆性、抗虫性、抗病性强，较丰产，风味佳，可作为野生资源保存，可作为育种材料。

【濒危状况及保护措施建议】该资源在当地半野生状态生长，建议扦插或嫁接至资源圃。

21 武义白猕猴桃2号

【学 名】Actinidiaceae（猕猴桃科）*Actinidia*（猕猴桃属）*Actinidia eriantha*（毛花猕猴桃）。

【采集地】浙江省金华市武义县。

【主要特征特性】野生猕猴桃资源，雌株。果实被白毛，圆柱形，果形较小，果肉绿色，种子多，中柱较小。

【优异特性与利用价值】产量高，抗逆性强，果形端正，可作为野生资源保存，可作为育种材料。

【濒危状况及保护措施建议】当地有少量半野生种植，建议嫁接保存。

22 武义白猕猴桃3号

【学　名】Actinidiaceae（猕猴桃科）*Actinidia*（猕猴桃属）*Actinidia eriantha*（毛花猕猴桃）。

【采集地】浙江省金华市武义县。

【主要特征特性】毛花猕猴桃资源，野生资源移栽后半野生状态种植。叶片椭圆形，正面深绿色，背面灰白色。

【优异特性与利用价值】抗逆性强，耐贫瘠，树势旺，可作砧木和育种材料。

【濒危状况及保护措施建议】该资源在半野生状态下种植，繁殖能力强，建议就地保存加资源圃保存。

23 庆元毛花猕猴桃

【学　名】Actinidiaceae（猕猴桃科）*Actinidia*（猕猴桃属）*Actinidia eriantha*（毛花猕猴桃）。

【采集地】浙江省丽水市庆元县。

【主要特征特性】野生毛花猕猴桃资源。节间短，叶片茂盛。叶片椭圆形，互生。果实圆柱形，被白毛，果形稍小，可剥皮，味酸甜，种子较多。

【优异特性与利用价值】耐贫瘠，树势旺，丰产，完熟后风味佳，可作为野生资源保存，可作为育种材料。

【濒危状况及保护措施建议】野生状态表现良好，可取枝条嫁接繁殖，观察性状。

24 庆元猕猴桃

【学 名】Actinidiaceae（猕猴桃科）*Actinidia*（猕猴桃属）*Actinidia chinensis*（中华猕猴桃）。

【采集地】浙江省丽水市庆元县。

【主要特征特性】野生猕猴桃资源，移植后半野生状态种植，果实用于自家酿酒和食用。叶片阔卵形。果实褐色，果面密被细斑点、短茸毛，果肉成熟后黄色，种子较少，中柱小。4月下旬开花，9月成熟。

【优异特性与利用价值】耐贫瘠，树势旺，可作为野生资源保存。果实可酿酒。

【濒危状况及保护措施建议】半野生状态生长，建议嫁接移植至资源圃中观测性状表现。

25 磐安野生猕猴桃1号

【学　名】Actinidiaceae（猕猴桃科）Actinidia（猕猴桃属）Actinidia eriantha（毛花猕猴桃）。

【采集地】浙江省金华市磐安县。

【主要特征特性】野生毛花猕猴桃资源。叶片卵圆形，被白毛。果实圆柱形，被毛短浅，可剥皮，果肉绿色，种子较少。

【优异特性与利用价值】树势旺，耐贫瘠，抗逆性、抗虫性、抗病性强，较丰产。可作为育种材料培育大果形品种。

【濒危状况及保护措施建议】该资源在当地于半野生状态下生长，建议扦插或嫁接至资源圃。

26 磐安野生猕猴桃2号

【学　名】Actinidiaceae（猕猴桃科）*Actinidia*（猕猴桃属）*Actinidia chinensis*（中华猕猴桃）。

【采集地】浙江省金华市磐安县。

【主要特征特性】野生猕猴桃资源。叶片阔卵形，正面深绿色，背面浅褐色。果实扁圆形，果面粗糙，褐色斑点较多，被浅毛，果肉黄色，种子较多。

【优异特性与利用价值】野生资源，风味甜，抗逆性强，可作为野生资源保存，可作为育种材料。果实可酿酒。

【濒危状况及保护措施建议】山林间生长，易流失，建议移植至资源圃。

27 磐安野生猕猴桃3号

【学 名】Actinidiaceae（猕猴桃科）Actinidia（猕猴桃属）*Actinidia chinensis*（中华猕猴桃）。

【采集地】浙江省金华市磐安县。

【主要特征特性】野生猕猴桃资源，雌株。叶片心脏形。果实较小，短圆柱形，果柄较长，果肉黄色，种子较多，中柱较细，口感酸甜。

【优异特性与利用价值】树势旺，耐贫瘠，抗逆性强，抗病性强，较抗虫。

【濒危状况及保护措施建议】野生资源，建议保存至资源圃。

28 黄岩野生猕猴桃

【学 名】Actinidiaceae（猕猴桃科）*Actinidia*（猕猴桃属）*Actinidia chinensis*（中华猕猴桃）。

【采集地】浙江省台州市黄岩区。

【主要特征特性】野生猕猴桃资源，雌株。叶片心脏形。果实较小，椭圆形，一柄一果，果面被浅褐色硬毛，果面褐色，果肉黄色，中柱较小，口味较酸。株产100kg左右。

【优异特性与利用价值】树势旺，抗逆性强，较丰产，可作为野生资源保存，可作为育种材料。果实可酿酒。

【濒危状况及保护措施建议】半野生状态生存，建议保存至资源圃。

29 诸暨野生猕猴桃

【学　名】Actinidiaceae（猕猴桃科）*Actinidia*（猕猴桃属）*Actinidia chinensis*（中华猕猴桃）。

【采集地】浙江省绍兴市诸暨市。

【主要特征特性】野生猕猴桃资源。叶片阔卵形，厚。一柄一果，果面被短毛，果肉黄色，果实甜。

【优异特性与利用价值】野生猕猴桃资源，树势旺，耐贫瘠，抗逆性强，可作为野生资源保存，可作为育种材料。

【濒危状况及保护措施建议】野生资源移植后存活，建议保存至资源圃。

30 仙居野生白藤梨（雄株）

【学　名】Actinidiaceae（猕猴桃科）Actinidia（猕猴桃属）
Actinidia eriantha（毛花猕猴桃）。
【采集地】浙江省台州市仙居县。

【主要特征特性】野生猕猴桃资源，移栽后半野生状态种植。叶片椭圆形，正面革质、深绿色，背面灰白色。花粉红色，花粉量大。

【优异特性与利用价值】树势旺，耐贫瘠，抗病性强，抗虫性强，可作为野生资源保存，可作为育种材料。

【濒危状况及保护措施建议】野生资源，建议嫁接后于资源圃保存。

31 仙居野生白藤梨1号

【学 名】Actinidiaceae（猕猴桃科）*Actinidia*（猕猴桃属）*Actinidia eriantha*（毛花猕猴桃）。

【采集地】浙江省台州市仙居县。

【主要特征特性】野生猕猴桃资源。果实短圆柱形，被白毛，果形小，可剥皮，果肉绿色，果胶含量高。

【优异特性与利用价值】树势旺，耐贫瘠，抗逆性强，可作为野生资源保存，可作为育种材料。

【濒危状况及保护措施建议】野生状态存活，建议保存至资源圃。

32 仙居野生白藤梨2号

【学　名】Actinidiaceae（猕猴桃科）*Actinidia*（猕猴桃属）*Actinidia eriantha*（毛花猕猴桃）。

【采集地】浙江省台州市仙居县。

【主要特征特性】野生猕猴桃资源，雌株。叶片卵圆形。果实圆柱形，被白毛，平均单果重40.0g，果肉绿色，种子较多，中柱较小，口味淡，不酸不甜。

【优异特性与利用价值】抗病性强，抗虫性强，果形好，可作为野生资源保存，可作为育种材料。

【濒危状况及保护措施建议】野生毛花猕猴桃资源，建议嫁接保存于资源圃。

33 仙居野生黄肉猕猴桃

【学　名】Actinidiaceae（猕猴桃科）*Actinidia*（猕猴桃属）*Actinidia chinensis*（中华猕猴桃）。

【采集地】浙江省台州市仙居县。

【主要特征特性】野生猕猴桃资源，雌株。叶片卵圆形。果实椭圆形，果肉黄色，种子较多，果形小。

【优异特性与利用价值】抗逆性强，风味浓甜，耐贫瘠，丰产，可作为野生资源保存，可作为育种材料。果实可酿酒。

【濒危状况及保护措施建议】野生黄肉猕猴桃资源，野生状态易流失，建议保存至资源圃。

34 仙居小叶猕猴桃

【学　名】Actinidiaceae（猕猴桃科）*Actinidia*（猕猴桃属）*Actinidia chinensis*（中华猕猴桃）。

【采集地】浙江省台州市仙居县。

【主要特征特性】野生猕猴桃资源。叶片椭圆形。果实小，果皮青色，被浅毛，手感光滑，果肉黄色。产量中等。

【优异特性与利用价值】抗病性较强，较耐贫瘠。果实可酿酒。

【濒危状况及保护措施建议】野生资源，建议就地保存。

35 瑞安野生猕猴桃

【学　名】Actinidiaceae（猕猴桃科）Actinidia（猕猴桃属）Actinidia chinensis（中华猕猴桃）。

【采集地】浙江省温州市瑞安市。

【主要特征特性】果实椭圆形，果肉绿色，种子较少。

【优异特性与利用价值】耐贫瘠，抗逆性强，树体光洁。果实可鲜食、浸酒。

【濒危状况及保护措施建议】野生猕猴桃资源，前人移植后种植留存，自家食用，表现一般，建议就地保存。

36 富阳野生猕猴桃

【学　名】Actinidiaceae（猕猴桃科）*Actinidia*（猕猴桃属）*Actinidia chinensis*（中华猕猴桃）。

【采集地】浙江省杭州市富阳区。

【主要特征特性】藤本。叶片近圆形或宽倒卵形，顶端钝圆或有小突尖，基部圆形至心形，表面有疏毛，背面密生茸毛。果实卵圆形，褐色，横径约3cm，密被黄棕色长柔毛。5月开花，果实9～10月成熟。

【优异特性与利用价值】果实较小，产量高，抗逆性强，丰产，可作为野生资源保存，可作为育种材料。果实可浸酒或鲜食，成熟果实酸甜味鲜。根可药用。

【濒危状况及保护措施建议】野生猕猴桃资源，富阳山区野生分布较多，建议移植于资源圃保存。

37 桐庐野生猕猴桃1号

【学　名】Actinidiaceae（猕猴桃科）*Actinidia*（猕猴桃属）*Actinidia chinensis*（中华猕猴桃）。

【采集地】浙江省杭州市桐庐县。

【主要特征特性】叶片阔卵形。果实圆球形，一柄一果，果肉黄色，中柱较细，风味甜，果形较小。

【优异特性与利用价值】树势旺，耐贫瘠，抗病性强，抗虫性强，可作为野生资源保存，可作为育种材料。果实可酿酒。

【濒危状况及保护措施建议】野生猕猴桃资源，当地人移植后保存下来，性状不稳定，建议移植至资源圃观察植株表现。

38 桐庐野生猕猴桃2号

【学　名】Actinidiaceae（猕猴桃科）*Actinidia*（猕猴桃属）*Actinidia chinensis*（中华猕猴桃）。

【采集地】浙江省杭州市桐庐县。

【主要特征特性】果实短圆柱形，果肉黄色，种子较少。

【优异特性与利用价值】树势旺，抗病性强，抗虫，鲜食口感佳，可作为野生资源保存，可作为育种材料。果实可酿酒。

【濒危状况及保护措施建议】野生资源，移植后一直保存，仅存一株，建议移植至资源圃保存。

39 余姚阳桃

【学　名】Actinidiaceae（猕猴桃科）*Actinidia*（猕猴桃属）*Actinidia chinensis*（中华猕猴桃）。

【采集地】浙江省宁波市余姚市。

【主要特征特性】野生猕猴桃资源。叶片阔卵形。果实椭圆形，被浅茸毛，果实外观呈棕黄色，一柄一果，果形中等，果肉黄色，种子较少，风味酸甜。产量中等。

【优异特性与利用价值】树势旺，耐贫瘠，抗逆性强，丰产，可作为野生资源保存，可作为育种材料。果实可酿酒。

【濒危状况及保护措施建议】半野生状态生长，丰产资源，建议移植至资源圃保存。

40 华 特

【学 名】Actinidiaceae（猕猴桃科）Actinidia（猕猴桃属）Actinidia eriantha（毛花猕猴桃）。
【采集地】浙江省温州市泰顺县。

【主要特征特性】毛花猕猴桃资源。果实长圆柱形，果肩圆，果顶微凹，果皮绿褐色，被白毛，果皮易剥离。

【优异特性与利用价值】树势旺，优质，抗寒，果实维生素含量高。

【濒危状况及保护措施建议】优质毛花猕猴桃育成品种，可扩大种植面积，也可保存至资源圃用于品种改良。

41 武义白藤梨

【学　名】Actinidiaceae（猕猴桃科）*Actinidia*（猕猴桃属）*Actinidia eriantha*（毛花猕猴桃）。

【采集地】浙江省金华市武义县。

【主要特征特性】野生猕猴桃资源，野外移植后一直留存。藤蔓旺盛。叶片椭圆形。果形短小，被白毛，果肉绿色，种子较多。

【优异特性与利用价值】树势旺，耐贫瘠，可作为野生资源保存，可作为育种材料。

【濒危状况及保护措施建议】野生资源，性状稳定，建议保存至资源圃。

42 柯城野生猕猴桃

【学　名】Actinidiaceae（猕猴桃科）*Actinidia*（猕猴桃属）*Actinidia chinensis*（中华猕猴桃）。

【采集地】浙江省衢州市柯城区。

【主要特征特性】树势较弱。果实较小，果肉黄色，种子多。

【优异特性与利用价值】丰产，可作为野生资源保存，可作为育种材料。果实可酿酒。

【濒危状况及保护措施建议】野生猕猴桃资源，移植后种植于屋侧。建议收集到资源圃观察性状。

43 衢江野生猕猴桃（洋桃）

【学　名】Actinidiaceae（猕猴桃科）*Actinidia*（猕猴桃属）
Actinidia chinensis（中华猕猴桃）。

【采集地】浙江省衢州市衢江区。

【主要特征特性】野生猕猴桃资源。果形小，短圆柱形，果面有褐斑。

【优异特性与利用价值】抗病性强，抗寒，耐贫瘠，可作为野生资源保存，可作为育种材料。果实可酿酒。

【濒危状况及保护措施建议】野生状态生存，建议将资源保存至资源圃。

44 衢江野生白毛猕猴桃（白洋桃）

【学　名】Actinidiaceae（猕猴桃科）*Actinidia*（猕猴桃属）*Actinidia eriantha*（毛花猕猴桃）。

【采集地】浙江省衢州市衢江区。

【主要特征特性】野生猕猴桃资源。果形较小，被白毛，圆柱形，可剥皮，果形不均匀，大小不一。

【优异特性与利用价值】耐贫瘠，抗病性强，抗虫性较差，可作为野生资源保存。

【濒危状况及保护措施建议】野生资源，可以适当保存观察性状。

45 衢江猕猴桃

【学　名】Actinidiaceae（猕猴桃科）Actinidia（猕猴桃属）。Actinidia chinensis（中华猕猴桃）。

【采集地】浙江省衢州市衢江区。

【主要特征特性】野生猕猴桃资源。果实较小，长椭圆形，被浅茸毛，果面有灰褐色斑，较粗糙，果肉绿色，种子较多。

【优异特性与利用价值】耐贫瘠，丰产，可作为野生资源保存，可作为育种材料。果实可酿酒。

【濒危状况及保护措施建议】野生猕猴桃资源，较少见，建议保存。

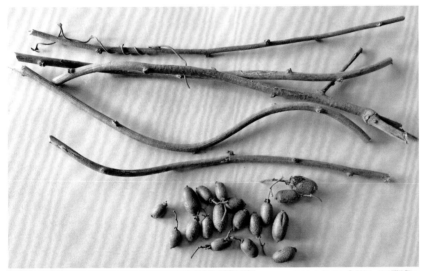

46 衢江毛花猕猴桃

【学 名】Actinidiaceae（猕猴桃科）*Actinidia*（猕猴桃属）*Actinidia eriantha*（毛花猕猴桃）。

【采集地】浙江省衢州市衢江区。

【主要特征特性】野生猕猴桃资源。果实较小，被白毛，圆柱形，大小不一，可剥皮，果肉绿色，种子较多，口感较差，微酸。

【优异特性与利用价值】耐贫瘠，抗虫性、抗病性一般，可作为野生资源保存。

【濒危状况及保护措施建议】该野生猕猴桃资源在野外生长表现较差，建议嫁接或移植至资源圃保存观察性状。

47 龙游毛藤梨

【学 名】Actinidiaceae（猕猴桃科）*Actinidia*（猕猴桃属）*Actinidia eriantha*（毛花猕猴桃）。

【采集地】浙江省衢州市龙游县。

【主要特征特性】叶片椭圆形。挂果量大，果实短圆柱形，被白毛，易剥皮，果肉绿色，种子较多，口味甜中带酸。

【优异特性与利用价值】树势旺，耐贫瘠，适应性强，移植后性状稳定，可作为野生资源保存，可作为育种材料。

【濒危状况及保护措施建议】野生猕猴桃资源，移植到屋前保存，建议保存至资源圃。

48 龙游野生猕猴桃

【学　名】Actinidiaceae（猕猴桃科）*Actinidia*（猕猴桃属）*Actinidia chinensis*（中华猕猴桃）。

【采集地】浙江省衢州市龙游县。

【主要特征特性】野生猕猴桃资源。果实较小，短圆柱形，果面因摩擦而产生的疤痕较明显，果肉黄色，种子较多，中柱较小。

【优异特性与利用价值】耐贫瘠，可作为野生资源保存，可作为育种材料。根可入药。

【濒危状况及保护措施建议】野生资源，可收集保存至资源圃。

49 黄肉藤梨

【学　名】Actinidiaceae（猕猴桃科）*Actinidia*（猕猴桃属）*Actinidia chinensis*（中华猕猴桃）。

【采集地】浙江省台州市仙居县。

【主要特征特性】野生猕猴桃资源。叶片阔卵形，正面深绿色，背面黄绿色、被浅茸毛，叶尖圆尖，叶缘翻卷、粗锯齿状，叶基闭合；叶柄灰色。果实圆柱形，果皮褐色，果点明显、小、凸起，果肩方，果顶凸，果喙深尖凸，果肉黄色，果心中等、浅黄色、横截面圆形。种子长椭圆形。

【优异特性与利用价值】高产，品质优，适应性广，可作为野生资源保存，可作为育种材料培育黄肉大果猕猴桃品种。

【濒危状况及保护措施建议】野生资源，建议保存至资源圃。

50 仙居野生红肉藤梨

【学　名】Actinidiaceae（猕猴桃科）Actinidia（猕猴桃属）Actinidia chinensis（中华猕猴桃）。

【采集地】浙江省台州市仙居县。

【主要特征特性】野生猕猴桃资源，野外发现后移植，用作鲜食和酿酒。叶片阔卵形，正面深绿色，背面黄褐色，叶尖渐尖，叶缘细锯齿状，叶基心脏形；叶柄褐色，长约3cm。果实圆球形、小，果点明显、小、凸起，果肩圆，果顶凹陷，果面灰褐色、被短茸毛，果肉黄色，果心向外辐射有红色素。

【优异特性与利用价值】高产，优质，抗病性、抗虫性强，适应性广，耐贫瘠。

【濒危状况及保护措施建议】野生资源，建议扩繁后保存至资源圃。

51 莲都毛花猕猴桃

【学　名】Actinidiaceae（猕猴桃科）*Actinidia*（猕猴桃属）*Actinidia eriantha*（毛花猕猴桃）。

【采集地】浙江省丽水市莲都区。

【主要特征特性】野生猕猴桃资源。叶片卵圆形。花较大，粉红色。果实圆柱形，被长白毛，果肉绿色，种子多，中柱近白色。

【优异特性与利用价值】产量高，风味佳，抗病性强，抗虫性强，可作为野生资源保存，可作为育种材料。

【濒危状况及保护措施建议】该毛花猕猴桃资源品质优，建议保存至资源圃。

52 遂昌藤梨

【学 名】Actinidiaceae（猕猴桃科）Actinidia（猕猴桃属）Actinidia chinensis（中华猕猴桃）。

【采集地】浙江省丽水市遂昌县。

【主要特征特性】野生猕猴桃资源。果实圆形、较小，果面褐色，有斑点，果肉黄色，种子较多。

【优异特性与利用价值】耐贫瘠，可作为野生资源保存，可作为育种材料。果实品质优，可酿酒。

【濒危状况及保护措施建议】该资源耐贫瘠、较丰产，可保存于资源圃观察性状表现。

53 云和野生猕猴桃1号

【学　名】Actinidiaceae（猕猴桃科）*Actinidia*（猕猴桃属）*Actinidia eriantha*（毛花猕猴桃）。

【采集地】浙江省丽水市云和县。

【主要特征特性】野生猕猴桃资源。果实圆柱形，被灰白色长茸毛，果肉绿色，果心大、绿白色、横截面圆形。

【优异特性与利用价值】高产，抗病性强，抗逆性强，适应性广，可用于选育优质毛花猕猴桃品种。

【濒危状况及保护措施建议】野生资源，建议保存至资源圃，观察表型。

54 云和野生猕猴桃2号

【学 名】Actinidiaceae（猕猴桃科）*Actinidia*（猕猴桃属）*Actinidia chinensis*（中华猕猴桃）。

【采集地】浙江省丽水市云和县。

【主要特征特性】野生猕猴桃资源。果实圆柱形，果面被短茸毛，较光滑，果肉黄色。

【优异特性与利用价值】产量高，品质佳，可作为野生资源保存，可作为育种材料。果实可酿酒。

【濒危状况及保护措施建议】野外生存抗性较差，建议保存至资源圃观察相关性状。

55 龙泉野生猕猴桃

【学　名】Actinidiaceae（猕猴桃科）Actinidia（猕猴桃属）Actinidia eriantha（毛花猕猴桃）。

【采集地】浙江省丽水市龙泉市。

【主要特征特性】野生猕猴桃资源。果实10月中旬成熟。

【优异特性与利用价值】口感佳，抗旱，可作为野生资源保存，可作为育种材料。

【濒危状况及保护措施建议】野生资源，建议保存至资源圃。

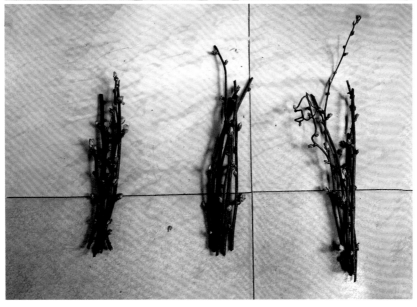

56 龙泉野生白猕猴桃（白毛桃）

【学　名】Actinidiaceae（猕猴桃科）Actinidia（猕猴桃属）Actinidia eriantha（毛花猕猴桃）。

【采集地】浙江省丽水市龙泉市。

【主要特征特性】野生猕猴桃资源。叶片椭圆形。果实被白毛，果皮易剥离，果肉绿色，味酸，果肉胶质含量高。

【优异特性与利用价值】野生资源，抗旱性强，抗寒，耐贫瘠，可作为野生资源保存，可作为育种材料。

【濒危状况及保护措施建议】建议保存至资源圃观察性状稳定性。

第 五 章

浙江省坚果类果树种质资源

1 建德野毛栗

【学 名】Fagaceae（壳斗科）*Castanea*（栗属）*Castanea henryi*（锥栗）。
【采集地】浙江省杭州市建德市。

【主要特征特性】树体高大，树形开张，树冠松散，树姿直立，枝干灰褐色。叶片阔披针形，叶姿搭垂，叶缘具锐、浅锯齿，叶背密被茸毛。刺苞小，近球形，直径2.5～5.0cm，刺束细、分枝角度小、密、短、黄色。浙江建德地区果实10月上旬成熟。

【优异特性与利用价值】果实品质及树体抗性有待观察。

【濒危状况及保护措施建议】分布在村边拆迁整治地内，无专人管护，随时都有被砍伐破坏的危险。建议在国家/省级资源圃内无性繁殖异地保存。

2 建德板栗

【学　名】Fagaceae（壳斗科）Castanea（粟属）Castanea mollissima（板栗）。
【采集地】浙江省杭州市建德市。

【主要特征特性】树体高大，树形开张，树冠紧凑，树姿直立，枝干灰褐色。叶片椭圆形，叶缘上翻，具钝、浅锯齿，叶背密被茸毛。刺苞小，近球形，刺束细、分枝角度小、密、短、黄色。浙江建德地区果实10月上旬成熟。

【优异特性与利用价值】果实品质及树体抗性有待观察。

【濒危状况及保护措施建议】分布在村舍边的山坡地上，树体高大，明显倾斜，随时有被砍伐破坏的风险。建议在国家/省级资源圃内无性繁殖异地保存的同时，列入古树名木目录，加强在原生地的保护。

3 奉化大栗

【学　名】Fagaceae（壳斗科）*Castanea*（栗属）*Castanea mollissima*（板栗）。
【采集地】浙江省宁波市奉化区。

【主要特征特性】树体高大，树冠松散，树姿直立，成龄树干灰褐色。叶片浓绿，椭圆形，叶缘上翻，具锐、浅锯齿，叶背密被茸毛。刺苞大，椭圆形，苞肉厚度中，先纵裂，刺束细、分枝角度小、密。坚果红褐色，颜色均匀度好，重量均匀，周身被灰白色稀茸毛，边果椭圆形，果顶果尖浑圆，筋线明显，底座中大、平滑，底座接线平滑。浙江宁波地区果实9月底至10月上旬成熟。

【优异特性与利用价值】大果，丰产性好，可直接用于生产或作为育种亲本。

【濒危状况及保护措施建议】分布在村庄主干道边，树体高大，无专人管护，随时都有被砍伐破坏的风险。建议在国家/省级资源圃内无性繁殖异地保存的同时，列入古树名木目录，加强在原生地的保护与管理。

4 景宁板栗

【学　名】Fagaceae（壳斗科）Castanea（粟属）Castanea mollissima（板栗）。
【采集地】浙江省丽水市景宁畲族自治县。

【主要特征特性】树体高大，树冠紧凑，树姿直立，成龄树干灰褐色。叶片黄绿色，椭圆形，叶缘上翻，具锐、浅锯齿，叶背密被茸毛。刺束细、分枝角度小、密。

【优异特性与利用价值】果实淀粉含量高、香甜。可直接用于生产或作为育种亲本。

【濒危状况及保护措施建议】分布在村边小路旁的洼地，树体高大，无专人管护，随时都有被砍伐破坏的风险。建议在国家/省级资源圃内无性繁殖异地保存的同时，列入古树名木目录，加强在原生地的保护与管理。

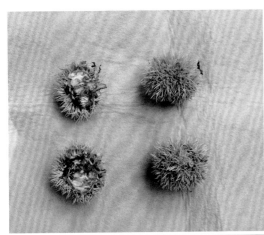

5 景宁锥栗

【学 名】Fagaceae（壳斗科）Castanea（栗属）Castanea henryi（锥栗）。

【采集地】浙江省丽水市景宁畲族自治县。

【主要特征特性】树体高大，树冠松散，树姿直立，成龄树干灰褐色。坚果长圆锥形，紫褐色，表面无茸毛，果顶果尖浑圆，筋线不显，底座中大、平滑，底座接线平滑。

【优异特性与利用价值】果实口感好，甜，果个偏小。

【濒危状况及保护措施建议】分布在村庄废弃民房边，无专人管护，随时都有被破坏的风险。建议在国家/省级资源圃内无性繁殖异地保存。

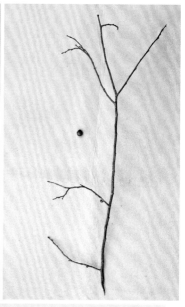

6 衢江野生板栗1号

【学　名】Fagaceae（壳斗科）Castanea（栗属）Castanea mollissima（板栗）。
【采集地】浙江省衢州市衢江区。

【主要特征特性】树体高大，树冠紧凑，树姿半开张，成龄树干灰褐色。坚果紫褐色，颜色均匀度好，重量均匀，表面半毛（果肩以下，棕黄色），边果三角形，果顶果尖喙突，筋线明显，底座中大、具瘤点，底座接线平滑。浙江衢州地区果实10月上中旬成熟。
【优异特性与利用价值】果实品质及树体抗性有待观察。
【濒危状况及保护措施建议】分布在正在扩建的村间主干道边，随时都有被砍伐破坏的风险。建议在国家/省级资源圃内异地无性繁殖保存。

7 衢江野生板栗2号

【学 名】Fagaceae（壳斗科）Castanea（栗属）Castanea mollissima（板栗）。
【采集地】浙江省衢州市衢江区。

【主要特征特性】树体高大，胸径达85cm，树冠松散，树姿直立。叶片卵状椭圆形，叶尖突尖，叶基阔楔形，叶缘具外向锐锯齿，叶色绿。刺苞圆球形，刺束长、细、密、分枝角度小。果实圆形，果皮暗紫褐色、无光泽，果面密被白色茸毛，筋线不明显，果顶果尖喙突，底座中大、光滑无瘤点，底座接线平滑呈如意状。浙江衢州地区果实10月上旬成熟。

【优异特性与利用价值】果实品质及树体抗性有待观察。

【濒危状况及保护措施建议】分布在村边废弃梯田内，无专人管护，随时都有被砍伐破坏的危险。建议在国家/省级资源圃内无性繁殖异地保存的同时，列入古树名木目录，加强在原生地的保护。

8 诸暨毛栗

【学　名】Fagaceae（壳斗科）*Castanea*（栗属）*Castanea henryi*（锥栗）。
【采集地】浙江省绍兴市诸暨市。

【主要特征特性】树体高大，树冠紧凑，树姿直立，成龄树干灰褐色。叶片倒卵状椭圆形，叶尖突尖，叶基楔形，叶柄黄绿色，叶缘具锐锯齿、外向，叶色浓绿，叶背光滑无毛。浙江诸暨地区果实10月上中旬成熟。

【优异特性与利用价值】果实小，易剥皮，果实成果少，一个刺苞有3粒种子，其中1～2粒败育。果实香甜，品质较好。可作为品质育种亲本。

【濒危状况及保护措施建议】分布在野林地中，无专人管护，随时都有被砍伐破坏的风险。建议在国家/省级资源圃内无性繁殖异地保存。

9 诸暨子栗

【学　名】Fagaceae（壳斗科）*Castanea*（栗属）*Castanea henryi*（锥栗）。

【采集地】浙江省绍兴市诸暨市。

【主要特征特性】树体高大，树冠紧凑，树姿直立，成龄树干灰褐色。叶片披针状椭圆形，叶尖渐尖，叶基楔形，叶柄黄绿色，叶缘上翻，具外向锐锯齿，叶色浓绿，叶背光滑无毛。刺苞球形，小（直径约3cm），内含单果，刺束细、密、分枝角度小。坚果三角形，褐色，表面茸毛少，仅在果顶处略有棕黄色茸毛，果顶果尖喙突，筋线明显，底座中大、光滑，底座接线平滑。浙江诸暨地区果实8月底至9月上旬成熟。

【优异特性与利用价值】果实一端扁、一端尖，只有1粒种子。果实刚采下来时不甜，在家里放几天后甜，可鲜食、煮、炒菜，煮熟后糯、稍粉。可作为早熟及品质育种亲本。

【濒危状况及保护措施建议】分布在陡坡山地边的野树林中，随时有被拓荒砍伐的危险。建议在国家/省级资源圃内无性繁殖异地保存。

10 瑞安板栗1号

【学　名】Fagaceae（壳斗科）*Castanea*（栗属）*Castanea mollissima*（板栗）。

【采集地】浙江省温州市瑞安市。

【主要特征特性】叶片卵状椭圆形，叶尖突尖，叶基广楔形，叶缘上翻，具外向锐锯齿，叶色浓绿。刺苞球形，刺束细、密、分枝角度小。浙江瑞安地区果实10月底至11月初成熟。

【优异特性与利用价值】果实粉质，味道香，微甜。可作为品质育种亲本。

【濒危状况及保护措施建议】村落周边零星分布，无专人管护，随时都有被砍伐破坏的危险。建议在国家/省级资源圃内无性繁殖异地保存。

11 瑞安板栗2号

【学　名】Fagaceae（壳斗科）Castanea（栗属）Castanea mollissima（板栗）。
【采集地】浙江省温州市瑞安市。

【主要特征特性】树体高大，树冠紧凑，树姿直立，成龄树干灰褐色。叶片倒卵状椭圆形，叶尖突尖，叶基楔形，叶缘上翻，具外向锐锯齿，叶色黄绿；叶柄黄绿色。刺苞球形，刺束细、密、分枝角度小。

【优异特性与利用价值】果实甜度高、味道香、粉质。可作为品质育种亲本。

【濒危状况及保护措施建议】分布在废弃村舍围墙内，无专人管护，部分树体已被砍伐破坏，随时有死亡危险。建议在国家/省级资源圃内无性繁殖异地保存。

12 富阳板栗1号

【学　名】Fagaceae（壳斗科）*Castanea*（栗属）*Castanea mollissima*（板栗）。
【采集地】浙江省杭州市富阳区。

【主要特征特性】树体中等大小，树冠紧凑度一般，树姿半开张。叶片椭圆形，叶尖突尖，叶基楔形，叶缘略上翻，具外向锐锯齿，叶色黄绿，叶背密被白色茸毛；叶柄黄绿色。刺苞椭圆形，成熟后期瓣裂，内含3粒坚果。刺束长、细、密、分枝角度小。果尖凸、茸毛少，果皮紫褐色，有光泽。底座中大、光滑无瘤点，底座接线平滑。果实颜色和重量均匀度较好，平均单果重5.5g。浙江富阳地区果实9月下旬至10月上旬成熟。

【优异特性与利用价值】果实可生食、菜用，可炒、蒸、煮食，肉质糯、香，品质好。可直接用于生产或作为育种亲本。

【濒危状况及保护措施建议】分布在溪沟边，树体较小，无专人管护。建议在国家/省级资源圃内无性繁殖异地保存。

13 富阳板栗2号

【学 名】Fagaceae（壳斗科）Castanea（粟属）Castanea mollissima（板栗）。
【采集地】浙江省杭州市富阳区。

【主要特征特性】树体中等大小，树冠松散，树姿半开张。叶片倒卵状椭圆形，叶尖突尖，叶基楔形，叶缘略上翻，具外向锐锯齿，叶色浓绿，叶背光滑无茸毛。果皮赤褐色，果实间颜色均匀度好，果面密被白色茸毛，筋线较明显，果顶果尖喙突，底座中大、光滑无瘤点，底座接线平滑。果实重量均匀度较好，平均单果重8.6g。浙江富阳地区果实9月下旬至10月上旬成熟。

【优异特性与利用价值】果实肉质糯、香，品质好。

【濒危状况及保护措施建议】于20世纪50年代末60年代初从山东采苗栽种，大树树龄60余年，树龄较小的为老树落籽自然繁殖而成，在当地相对集中成片分布，保护现状好。建议在国家/省级资源圃内无性繁殖异地保存。

14 乐清板栗

【学　名】Fagaceae（壳斗科）*Castanea*（栗属）*Castanea henryi*（锥栗）。
【采集地】浙江省温州市乐清市。

【主要特征特性】刺苞近球形，刺束细、分枝角度小、密、长、黄绿色。坚果紫褐色，表面无茸毛、具光泽，筋线较明显。果实直径3cm，较小，9月下旬成熟。

【优异特性与利用价值】果实品质及树体抗性有待观察

【濒危状况及保护措施建议】建议在国家/省级资源圃内无性繁殖异地保存。

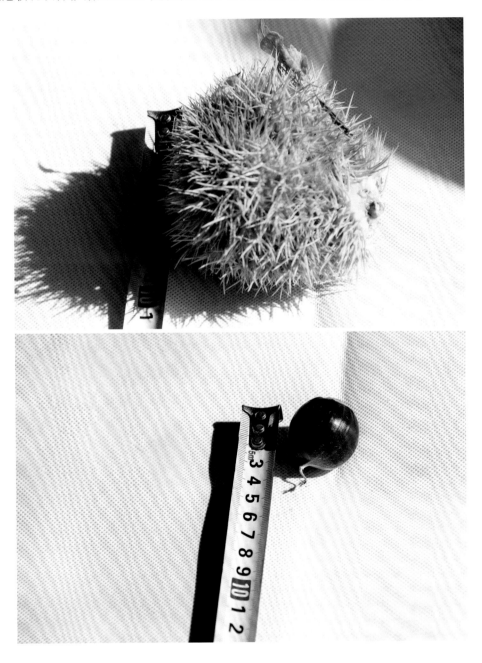

15 德清板栗

【学　名】Fagaceae（壳斗科）Castanea（栗属）Castanea mollissima（板栗）。
【采集地】浙江省湖州市德清县。

【主要特征特性】树体高大，树冠紧凑，树姿直立，成龄树干灰褐色。叶片椭圆形，叶尖突尖，叶基楔形，叶缘略上翻，具外向锐锯齿，叶色浓绿；叶柄黄绿色。刺苞椭圆形，刺束细、密、分枝角度小，内含2粒坚果。坚果小，紫褐色，仅在果顶处有白茸毛，筋线不明显，果顶果尖喙突，底座中大、光滑无瘤点，底座接线平滑。果实10月上中旬成熟。

【优异特性与利用价值】果实品质及树体抗性有待观察。

【濒危状况及保护措施建议】分布在紧靠农舍的围墙边，无专人管护，随时都有被砍伐破坏的危险。建议在国家/省级资源圃内无性繁殖异地保存。

16 长兴野生板栗

【学　名】Fagaceae（壳斗科）Castanea（栗属）Castanea mollissima（板栗）。
【采集地】浙江省湖州市长兴县。

【主要特征特性】树体矮小，树冠松散，树姿半开张。叶片倒卵状椭圆形，叶尖突尖，叶基阔楔形，叶缘具外向锐锯齿，叶色绿偏黄。刺苞球形，成熟后期瓣裂，内含3粒坚果，刺束长、细、密、分枝角度小。果皮红棕色，果面密被白色茸毛，筋线不明显，果顶果尖喙突，底座小、光滑无瘤点，底座接线平滑。果实10月上旬成熟。

【优异特性与利用价值】抗病，树体矮小。可作矮化及抗性育种亲本。

【濒危状况及保护措施建议】分布在野林地中。建议在国家/省级资源圃内无性繁殖异地保存。

17 长兴毛栗子

【学　名】Fagaceae（壳斗科）Castanea（栗属）Castanea mollissima（板栗）。

【采集地】浙江省湖州市长兴县。

【主要特征特性】树体高大，树冠松散，树姿开张。叶片倒卵状椭圆形，叶尖突尖，叶基阔楔形，叶缘具外向锐锯齿，叶色绿偏黄。刺苞椭圆形，刺束长、细、密、分枝角度小。果皮红褐色，果面光洁无毛，筋线不明显，果顶果尖喙突，底座大、光滑无瘤点，底座接线平滑。浙江湖州地区果实10月上旬成熟。

【优异特性与利用价值】果实品质及树体抗性有待观察。

【濒危状况及保护措施建议】分布在荒废的板栗林中，无专人管护，随时都有被砍伐破坏的危险。建议在国家/省级资源圃内无性繁殖异地保存。

18 衢江野生金栗

【学 名】Fagaceae（壳斗科）*Castanea*（栗属）*Castanea henryi*（锥栗）。
【采集地】浙江省衢州市衢江区。

【主要特征特性】树体高大，胸径达90cm，树冠松散，树姿直立。果实三角形，果皮暗褐色、无光泽，茸毛仅分布在果尖处，筋线不明显，果顶果尖喙突，底座中大、光滑无瘤点，底座接线平滑。浙江衢州地区果实10月上旬成熟。

【优异特性与利用价值】果实品质及树体抗性有待观察。

【濒危状况及保护措施建议】分布在村道边山坡荒地内，无专人管护，随时都有被砍伐破坏的危险。建议在国家/省级资源圃内无性繁殖异地保存的同时，列入古树名木目录，加强在原生地的保护。

第六章

浙江省柑果类果树种质资源

1 黄岩本地早

【学 名】Rutaceae（芸香科）*Citrus*（柑橘属）*Citrus reticulata*（柑橘）。
【采集地】浙江省台州市黄岩区。

【主要特征特性】本地早蜜橘，又名天台山蜜橘。原产浙江黄岩，是黄岩柑橘的主栽品种之一。树势强健，树冠呈自然圆头形，枝梢细密，叶缘锯齿明显，翼叶小，线形。果实扁圆形，较小，平均单果重50.0～82.0g，果形端正，顶端微凹。果皮橙黄色，略显粗糙，皮厚2.0mm，易剥离。果肉橙黄色，组织紧密，柔软多汁，平均可溶性固形物含量12.0%，可滴定酸含量0.70g/100mL。单果种子数2.4粒，可食率77.0%，味甜酸少，有香气，囊衣薄，化渣性好，品质优良，是鲜食和制罐兼优的品种。果实成熟期11月上旬。果实贮藏性中等，可贮至1月底，较丰产。

【优异特性与利用价值】果实品质优，富含β-隐黄素，果形美观，风味好，是优质的罐头加工原材料。

【濒危状况及保护措施建议】目前主要在浙江省台州市黄岩区种植，江西也有成片种植，但总种植面积在减小。

2 常山胡柚

【学　名】Rutaceae（芸香科）*Citrus*（柑橘属）*Citrus paradisi*（葡萄柚）。
【采集地】浙江省衢州市常山县。

【主要特征特性】常山胡柚是柚子与其他柑橘天然杂交而成的地方特色品种，起源于常山县。果实美观，呈圆球形或扁球形，部分呈梨形，色泽金黄。平均单果重300.0g左右，皮厚约0.6cm，可食率约70.0%，平均可溶性固形物含量11.0%～13.5%，可滴定酸含量0.90～1.20g/100mL。采收期在11月中旬至12月上旬，贮藏后销售，在自然条件下可贮至次年4～5月，且贮后风味变浓，品质更佳。

【优异特性与利用价值】果实外形美观，色泽金黄，果形适中，柚香袭人，风味独特，肉质脆嫩，汁多味鲜，甜酸适口，甘中微苦，具有很高的药用价值。具有耐贫瘠、抗寒、耐贮、风味独特等显著特点。果实鲜食，幼果切片制成（衢）枳壳可代替酸橙枳壳。

【濒危状况及保护措施建议】有一定的种植面积，建议深化研究，无须保护。

3 玉环广柑

【学　名】Rutaceae（芸香科）*Citrus*（柑橘属）*Citrus grandis* × *Citrus sinensis*（杂柑）。

【采集地】浙江省台州市玉环市。

【主要特征特性】起源于柚与甜橙的自然杂交种。平均单果重400.0g，最大的可达1000.0g，平均可溶性固形物含量10.0%～12.0%，可滴定酸含量1.10～1.90g/100mL。果汁丰富，酸甜适中，略带苦味，贮藏至翌年4～6月，风味尤佳，最长可贮至8～9月而不枯水。

【优异特性与利用价值】果实鲜食，食药兼用，富含功能性成分。耐贮藏不枯水。

【濒危状况及保护措施建议】主要在浙江省温岭市和玉环市等地种植。但总面积在减少，需适当关注和保护。

4 苍南古磉柚

【学　名】Rutaceae（芸香科）Citrus（柑橘属）Citrus grandis（柚）。

【采集地】浙江省温州市苍南县。

【主要特征特性】苍南古磉柚来自民间实生群体的田间选种。果实扁圆形，果皮淡黄色，油胞较小，平均单果重1500.0g，果皮厚度1.4cm，囊瓣15～17瓣，大小较整齐，囊衣易剥离，汁胞鲜红色，脆嫩化渣，无苦味，平均种子数730粒。果实可食率62.4%，果肉出汁率65.7%，平均可溶性固形物含量9.0%～11.0%，可滴定酸含量0.70g/100mL。果实10月下旬成熟。

【优异特性与利用价值】树势强，以春梢为主要结果母枝，较丰产。果肉鲜红色，十分鲜艳，品质好。

【濒危状况及保护措施建议】总种植面积在减少，需适当关注和保护。

5 瓯海瓯柑

【学 名】Rutaceae（芸香科）Citrus（柑橘属）*Citrus reticulata* cv. Suavissima（瓯柑）。
【采集地】浙江省温州市瓯海区。

【主要特征特性】瓯海瓯柑原产浙江温州，是中国古老品种，已有1000多年栽培历史，主产浙江温州、丽水，福建等地有少量栽培。树势强健，树冠圆头形，枝条开张，下垂，有短刺。果实圆球形或短圆锥形，平均单果重约140.0g。果皮橙黄色，油胞较细密，具蜡质，海绵层厚，白色，易与囊瓣剥离。果肉橙红色，风味甜酸适口，略带苦味，平均可溶性固形物含量10.0%～12.5%，可滴定酸含量0.60～0.90g/100mL，平均种子数4.5粒。果实11月中下旬成熟。果实耐贮藏，常温下可贮藏至翌年5月，且风味不变。

【优异特性与利用价值】果实可食用，富含功能性成分。丰产性好。

【濒危状况及保护措施建议】种植面积在减小，面临黄龙病危害，需对其适当关注和保护。

6 定海柚

【学　名】Rutaceae（芸香科）Citrus（柑橘属）Citrus grandis（柚）。

【采集地】浙江省舟山市定海区。

【主要特征特性】原名'宝川文旦''宫宝文旦'。据考证母树是20世纪30年代初定海皋泄村庙后庄船员庄宝川从南洋回乡带回一柚果，食后种子自然繁殖而来，是舟山市的地方名柚，果实品质较优，已有近百年栽培历史。果实呈高馒头形或梨形，平均单果重1200.0～1500.0g，成熟果皮橙色，香气浓。海绵层与肉皮层为白色或略带粉红色，囊瓣13～14瓣。果肉肉色，晶莹透亮，脆嫩化渣，平均可溶性固形物含量11.0%～13.0%，可滴定酸含量0.92g/100mL。果实肉质松脆且晶莹透亮，果汁汁液适宜且酸甜可口。果实10月下旬至11月上旬成熟，不易裂果，耐贮藏，采收后一般可贮藏到翌年4月仍保持优良的风味。

【优异特性与利用价值】地方特色品种，丰产，稳产，品质优良，果实以食用为主。

【濒危状况及保护措施建议】种植面积在减少，面临黄龙病危害，需对其适当关注和保护。

7 宁红蜜橘

【学　名】Rutaceae（芸香科）*Citrus*（柑橘属）*Citrus reticulata* cv. Unshiu（温州蜜柑）。
【采集地】浙江省宁波市宁海县。

【主要特征特性】又名'宁红（73-9）'，是从中熟温州蜜柑品种'尾张'中选育出的地方品种。树势强，树冠整齐。果实扁圆形，平均单果重80.0～100.0g，无籽，果面橙色，较光滑，果皮中厚；果实囊壁厚韧，不化渣，平均可溶性固形物含量11.0%～12.5%，糖含量7.0～9.0g/100mL，可滴定酸含量0.80～1.00g/100mL，由于囊壁韧，鲜食稍逊。果实11月下旬至12月成熟。

【优异特性与利用价值】适应性强，易丰产，7～8年生树株产50kg。果实适宜加工，是加工全去囊衣糖水橘瓣罐头的好原料。

【濒危状况及保护措施建议】种植面积在减少，面临黄龙病危害，需对其适当关注和保护。

8 帐子

【学　名】Rutaceae（芸香科）Citrus（柑橘属）Citrus medica（香橼）。

【采集地】浙江省宁波市宁海县。

【主要特征特性】帐子可能是柚和酸橙的自然杂交后代，浙江省宁海县、象山县有零星种植。果实圆球形，平均单果重约263.0g，果皮橙黄色、厚7.0mm，果顶有明显印圈，平均种子数44.0粒，平均可溶性固形物含量8.1%，可滴定酸含量6.16g/100mL。

【优异特性与利用价值】可用于砧木嫁接，果实可药用、加工用、泡菜。

【濒危状况及保护措施建议】分布在房前屋后，无专人管护，随时都有被砍伐破坏的危险。建议在省级资源圃内无性繁殖异地保存。

9 小红橙

【学　名】Rutaceae（芸香科）*Citrus*（柑橘属）*Citrus aurantium*（酸橙）。
【采集地】浙江省台州市黄岩区。

【主要特征特性】原产黄岩，有较长的种植历史。苗木前期生长快，根系发达，分布密集，须根较多。果实扁圆形，平均单果重180.0g左右，果皮深橙红色，种子较多，果汁高酸，果实不适宜鲜食。

【优异特性与利用价值】酸橙品种，对土壤适应性较广，耐盐碱。是中药枳壳的重要原材料，也是优良的砧木品种。在黄岩地区作温州蜜柑的砧木时，树冠较高大，品质较好，但结果期稍迟；作甜橙砧木时，树势强，根系发达，抗旱，丰产，但结果较迟；作'本地早'砧木时，前期生长良好，结果早，树龄稍大后，表现为穗大砧木小，生长势弱，雨季易烂根而引起落叶，故不适宜作'本地早'的砧木。

【濒危状况及保护措施建议】种植面积在减少，面临黄龙病危害，需对其适当关注和保护。

10 华塔早生

【学　名】Rutaceae（芸香科）*Citrus*（柑橘属）*Citrus reticulata* cv. Unshiu（温州蜜柑）。

【采集地】浙江省衢州市江山市。

【主要特征特性】树势中等或偏弱，树冠矮小紧凑，枝条短密，呈丛状。果实高扁圆形，平均单果重125.0～140.0g，顶部宽广，蒂部略窄，果面光滑，果皮橙红色、较薄。品质优良，细嫩化渣，无籽，味酸甜，平均可溶性固形物含量13.0%左右，可滴定酸含量0.60～0.70g/100mL。果实10月中旬成熟。

【优异特性与利用价值】地方选育早熟温州蜜柑品种，品质优，成熟早。

【濒危状况及保护措施建议】种植面积在减少，面临黄龙病危害，需对其适当关注和保护。

11 胭脂柚

【学　名】Rutaceae（芸香科）*Citrus*（柑橘属）*Citrus grandis*（柚）。
【采集地】浙江省金华市永康市。

【主要特征特性】树势强健，比一般柚类抗冻。果实椭圆形，平均单果重1000.0～1500.0g，果皮黄色、光滑，白皮层粉红色，果基平，油胞中等，中心柱实，水分一般，果肉粉红色，有籽且籽较多，味酸甜。果实11月中旬成熟。

【优异特性与利用价值】果实鲜食。

【濒危状况及保护措施建议】分布在房前屋后，无专人管护，随时都有被砍伐破坏的危险。建议在省级资源圃内无性繁殖异地保存。

12 方岩红橘

【学　名】Rutaceae（芸香科）*Citrus*（柑橘属）*Citrus reticulata*（柑橘）。
【采集地】浙江省金华市永康市。

【主要特征特性】又名方岩土橘。果实扁圆形、小，平均单果重25.0～60.0g，果皮朱红色，果顶凹凸明显，易剥皮，有籽，品质中等。果实11月中下旬成熟。

【优异特性与利用价值】果实鲜食，初采时味甜偏酸，但是经过一段时间的贮藏后反而更具特色，在喜庆节日里，作为节日庆祝用水果。

【濒危状况及保护措施建议】种植面积在减少，面临黄龙病危害，需对其适当关注和保护。

13 富阳香抛

【学 名】Rutaceae（芸香科）*Citrus*（柑橘属）*Citrus grandis*（柚）。
【采集地】浙江省杭州市富阳区。

【主要特征特性】富阳区地方柚类品种。果实圆球形、大小中等，平均单果重1000.0～1400.0g，果皮黄色，果肉淡绿色，种子多。果实11月中旬成熟。

【优异特性与利用价值】果实鲜食，果肉细嫩化渣，汁胞柔软多汁，甜度低，回味好。

【濒危状况及保护措施建议】分布在房前屋后，无专人管护，随时都有被砍伐破坏的危险。建议在省级资源圃内无性繁殖异地保存。

14 泉湖抛

【学　名】Rutaceae（芸香科）*Citrus*（柑橘属）*Citrus grandis*（柚）。

【采集地】浙江省金华市兰溪市。

【主要特征特性】兰溪市地方柚类品种。果实梨形，平均单果重1500.0g左右，果皮厚1.5～2.2cm，果肉鲜红色，有种子。果实11月下旬成熟。

【优异特性与利用价值】果实鲜食，品质中等。

【濒危状况及保护措施建议】分布在房前屋后，无专人管护，随时都有被砍伐破坏的危险。建议在省级资源圃内无性繁殖异地保存。

15 蜜橘型胡柚

【学 名】Rutaceae（芸香科）*Citrus*（柑橘属）*Citrus grandis* × *Citrus sinensis*（杂柑）。
【采集地】浙江省衢州市常山县。

【主要特征特性】嫁接嵌合体育成品种。树势强健，栽培管理容易。果实外观如常山胡柚，果肉如温州蜜柑，有种子。平均单果重380.0g，耐贮藏。平均可溶性固形物含量11.5%，可滴定酸含量0.80g/100mL。

【优异特性与利用价值】果实鲜食。

【濒危状况及保护措施建议】种植面积在减少，面临黄龙病危害，需对其适当关注和保护。

16 脆红胡柚

【学　名】Rutaceae（芸香科）Citrus（柑橘属）Citrus grandis（柚）× Citrus aurantium（酸橙）。

【采集地】浙江省衢州市常山县。

【主要特征特性】柚和酸橙杂交品种。果实扁圆形，大小整齐，平均单果重350.0g左右，果皮深橙红色，在无授粉条件下果实无种子，混栽情况下单果种子10余粒，平均可溶性固形物含量12.0%，总酸含量1.10%。

【优异特性与利用价值】果实鲜食。

【濒危状况及保护措施建议】种植面积在减少，面临黄龙病危害，需对其适当关注和保护。

17 常山实生胡柚

【学　名】Rutaceae（芸香科）*Citrus*（柑橘属）*Citrus grandis*（柚）× *Citrus sinensis*（杂柑）。

【采集地】浙江省衢州市常山县。

【主要特征特性】胡柚种子实生苗培育而成。树势强健。果实与普通胡柚近似，平均单果重300.0g左右，果皮厚约0.6cm，可食率约70.0%，平均可溶性固形物含量11.0%～13.5%，可滴定酸含量0.90～1.20g/100mL。贮藏后风味变浓，品质更佳。

【优异特性与利用价值】果实鲜食。

【濒危状况及保护措施建议】种植面积在减少，面临黄龙病危害，需对其适当关注和保护。

18 常山衢橘

【学　名】Rutaceae（芸香科）*Citrus*（柑橘属）*Citrus reticulata*（柑橘）。
【采集地】浙江省衢州市常山县。

【主要特征特性】果实扁圆形、小，平均单果重30.0～60.0g，果皮朱红色，果顶凹凸明显，易剥皮，有籽，品质中等。果实11月下旬成熟。初采时味甜偏酸，但贮藏一段时间后，酸甜适口，有特殊香味。

【优异特性与利用价值】果实鲜食。因果皮红色喜庆，常用作节日庆祝用果。

【濒危状况及保护措施建议】种植面积在减少，面临黄龙病危害，需对其适当关注和保护。

19 常山椪柑

【学 名】Rutaceae（芸香科）*Citrus*（柑橘属）*Citrus reticulata*（柑橘）。
【采集地】浙江省衢州市常山县。

【主要特征特性】果实扁圆形，或蒂部隆起呈短颈状的阔圆锥形，顶部平而宽，中央凹，有浅放射沟，平均单果重150.0～200.0g，果皮橙黄色至橙红色，油胞大，果皮粗糙，松脆，甚易剥离，种子少或无。果实酸甜适口，平均可溶性固形物含量11.5%～13.5%。果实11月下旬成熟。

【优异特性与利用价值】品质优良，果实鲜食。

【濒危状况及保护措施建议】种植面积在减少，需对其适当关注和保护。

20 无籽椪柑

【学　名】Rutaceae（芸香科）*Citrus*（柑橘属）*Citrus reticulata*（柑橘）。

【采集地】浙江省丽水市青田县。

【主要特征特性】果实扁圆形，或蒂部隆起呈短颈状的阔圆锥形，顶部平而宽，中央凹，有浅放射沟，平均单果重150.0～200.0g，果皮橙黄色至橙红色，油胞大，果皮粗糙，松脆，甚易剥离，无籽。果实酸甜适口，平均可溶性固形物含量11.5%～13.5%。果实11月下旬成熟。

【优异特性与利用价值】无籽，品质优良，果实鲜食。

【濒危状况及保护措施建议】种植面积在减少，面临黄龙病危害。建议在省级资源圃内无性繁殖异地保存。

21 开化土橘

【学　名】Rutaceae（芸香科）Citrus（柑橘属）Citrus reticulata（柑橘）。
【采集地】浙江省衢州市开化县。

【主要特征特性】果实扁圆形、小，平均单果重25.0～50.0g，果皮薄，平均厚0.11cm，橙黄色有光泽，油胞小而密，囊衣薄，汁胞橙黄色，柔软多汁，风味浓甜，种子1～4粒或无，品质优良。果实11月中旬成熟。

【优异特性与利用价值】果实鲜食。

【濒危状况及保护措施建议】分布在房前屋后，无专人管护，随时都有被砍伐破坏的危险。建议在省级资源圃内无性繁殖异地保存。

22 柯城衢橘

【学　名】Rutaceae（芸香科）*Citrus*（柑橘属）*Citrus reticulata*（柑橘）。
【采集地】浙江省衢州市柯城区。

【主要特征特性】果实扁圆形、小，平均单果重30.0～60.0g，果皮朱红色，果顶凹凸明显，易剥皮，有籽，品质中等。果实11月下旬成熟。初采时味甜偏酸，但贮藏一段时间后酸甜适口，有特殊香味。

【优异特性与利用价值】果实鲜食。因果皮红色喜庆，常用作节日庆祝用果。

【濒危状况及保护措施建议】分布在房前屋后，无专人管护，随时都有被砍伐破坏的危险。建议在省级资源圃内无性繁殖异地保存。

23 柯城迟福橘
【学 名】Rutaceae（芸香科）Citrus（柑橘属）Citrus reticulata（柑橘）。
【采集地】浙江省衢州市柯城区。

【主要特征特性】果实扁圆形、小，平均单果重50.0～60.0g，果顶突出或平，果皮薄、平均厚0.18cm、深红色、有光泽，油胞小而密，汁胞橙黄色，柔软多汁，风味浓甜，种子10粒以上，品质一般。果实11月下旬成熟。

【优异特性与利用价值】果实鲜食。

【濒危状况及保护措施建议】分布在房前屋后，无专人管护，随时都有被砍伐破坏的危险。建议在省级资源圃内无性繁殖异地保存。

24 柯城红心香抛

【学　名】Rutaceae（芸香科）*Citrus*（柑橘属）*Citrus grandis*（柚）。
【采集地】浙江省衢州市柯城区。

【主要特征特性】树势强健，比一般柚类抗冻。果实椭圆形，平均单果重1000.0～1200.0g，果皮黄色、厚3.2cm，油胞略突，白皮层白色，果肉深红色，中心柱实，水分一般，有籽且籽较多，味酸甜，平均可溶性固形物含量11.2%。果实11月中旬成熟。
【优异特性与利用价值】果实鲜食。
【濒危状况及保护措施建议】分布在房前屋后，无专人管护，随时都有被砍伐破坏的危险。建议在省级资源圃内无性繁殖异地保存。

25 龙游衢橘

【学　名】Rutaceae（芸香科）*Citrus*（柑橘属）*Citrus reticulata*（柑橘）。
【采集地】浙江省衢州市龙游县。

【主要特征特性】果实扁圆形、小，平均单果重30.0～60.0g，果皮朱红色，果顶凹凸明显，易剥皮，有籽。果实11月下旬成熟。初采时味甜偏酸，但贮藏一段时间后，酸甜适口，有特殊香味。

【优异特性与利用价值】果实鲜食，品质中等。因果皮红色喜庆，常用作节日庆祝用果。

【濒危状况及保护措施建议】无须保护。但栽培面积在减少，需对其适当关注和保护。

26 龙游代代　【学　名】Rutaceae（芸香科）Citrus（柑橘属）Citrus aurantium（酸橙）。
　　　　　　　　【采集地】浙江省衢州市龙游县。

【主要特征特性】树势强健，可能是'代代'的实生变异。树高7m以上。叶片阔卵形或椭圆形，翼叶发达。总状花序，白色。果实圆球形，果颈略突。果皮光滑，油胞点平。平均单果重250.0g左右。

【优异特性与利用价值】果实药用，药材加工基原植物。可用于绿化观赏。

【濒危状况及保护措施建议】分布在房前屋后，无专人管护，随时都有被砍伐破坏的危险。建议在省级资源圃内无性繁殖异地保存。

27 温州晚熟蜜橘

【学　名】Rutaceae（芸香科）Citrus（柑橘属）Citrus reticulata cv. Unshiu（温州蜜柑）。

【采集地】浙江省温州市乐清市。

【主要特征特性】树势强，树冠不整齐，大枝粗长、稀疏，小枝细密。果实扁圆形，平均单果重80.0～100.0g，无籽，果面橙色，较光滑，果皮中厚，果实囊壁厚韧，不化渣，平均可溶性固形物含量10.0%～12.0%，可滴定酸含量0.80～1.00g/100mL。果实11～12月成熟。

【优异特性与利用价值】果实鲜食。

【濒危状况及保护措施建议】种植面积在减少，建议适当予以保护。

28 象山青

【学　名】Rutaceae（芸香科）Citrus（柑橘属）Citrus grandis × Citrus sinensis（杂柑）。
【采集地】浙江省宁波市象山县。

【主要特征特性】树势中等，略呈直立状。果实近圆形，平均单果重220.0～250.0g，果皮粗厚、黄色，果顶有圆形深凹印圈与乳头状凸起，果肉淡黄色，味清甜，质优，较化渣，种子少，可食率74.0%，平均可溶性固形物含量12.0%左右，可滴定酸含量约0.50g/100mL。口感甘甜脆爽，品质中上，果皮较难剥，耐贮藏，翌年四五月食用风味更好。抗冻性好，设施完熟栽培平均可溶性固形物含量可达14.0%以上。果实12月上旬成熟。

【优异特性与利用价值】抗病力强，品质优良，果实鲜食。

【濒危状况及保护措施建议】建议进一步推广应用。

29 大谷

【学　名】Rutaceae（芸香科）*Citrus*（柑橘属）*Citrus iyo*（伊予柑）。

【采集地】浙江省宁波市象山县。

【主要特征特性】树势中庸，节间短，枝叶密生，叶片较直立。果实高扁圆形，平均单果重200.0～250.0g，果面较光滑，油胞点略粗，呈橙红色，外观美丽，果皮较厚但易剥离，果肉柔软多汁，单果种子数5～10粒。果实酸含量高，但贮藏性好，经贮藏可在春节前后出售。果实11月上旬开始着色，12月上旬采收。

【优异特性与利用价值】品质优良，果实鲜食。

【濒危状况及保护措施建议】种植面积在减少，建议适当予以保护。

30 红美人

【学　名】Rutaceae（芸香科）*Citrus*（柑橘属）*Citrus grandis × Citrus sinensis*（杂柑）。
【采集地】浙江省宁波市象山县。

【主要特征特性】橘橙类杂交品种。平均单果重150.0～250.0g，果面浓橙色，果肉黄橙色，柔软多汁，囊瓣壁薄，口感酷似果冻，极佳，化渣，高糖，优质，有甜橙般香气，品质优良，平均可溶性固形物含量13.2%，可滴定酸含量0.93g/100mL。果皮薄而柔软。切片后果皮容易剥开。果实紧，无浮皮。单性结实能力强，且通常无籽。果实11月下旬成熟，12月上旬完熟。

【优异特性与利用价值】品质优，化渣性好，风味浓，果实鲜食。

【濒危状况及保护措施建议】建议进一步推广应用。

31 大分

【学　名】Rutaceae（芸香科）*Citrus*（柑橘属）*Citrus reticulata* cv. Unshiu（温州蜜柑）。
【采集地】浙江省宁波市象山县。

【主要特征特性】特早熟温州蜜柑品种。果实扁圆形，平均单果重80.0～100.0g，果皮黄绿色，果面光滑，皮薄，果肉橙红色，平均可溶性固形物含量11.7%～12.3%，可滴定酸含量0.90g/100mL，可食率81.0%。结果性强，果实9月下旬成熟。

【优异特性与利用价值】品质优良，果实鲜食。

【濒危状况及保护措施建议】建议进一步推广应用。

32 媛小春
【学 名】Rutaceae（芸香科）Citrus（柑橘属）Citrus grandis × Citrus sinensis（杂柑）。
【采集地】浙江省宁波市象山县。

【主要特征特性】又称'绿美人'，晚熟品种，果实翌年1月中旬成熟，父本和母本分别为'黄金柑'和'清见'。生长势极强。果皮柠檬色，易剥皮，果肉细嫩化渣，平均可溶性固性物含量12.5%～14.5%，可滴定酸含量0.90g/100mL。果实清香，易贮藏。

【优异特性与利用价值】品质优良，果实鲜食。

【濒危状况及保护措施建议】建议推广应用。

33 南香

【学　名】Rutaceae（芸香科）*Citrus*（柑橘属）*Citrus grandis × Citrus sinensis*（杂柑）。
【采集地】浙江省宁波市象山县。

【主要特征特性】树势中等，直立，结果后开张。多数枝上有刺，随树龄的增长逐渐退化至无。叶片较温州蜜柑略小，叶色较浅。平均单果重130.0g左右。果实高腰扁球形，果形指数1.10～1.15，果顶部突起有小脐。果皮浓红橙色。油胞略大，果皮薄并与果肉密生，剥皮较温州蜜柑稍难，不浮皮。果肉浓橙色，囊壁薄，完熟后柔软多汁，高糖，平均可溶性固形物含量13.5%。着色虽然早，但减酸迟，无籽。果实12月中旬至下旬成熟。

【优异特性与利用价值】品质优良，果实鲜食。

【濒危状况及保护措施建议】建议推广应用。

34 米哈尼

【学　名】Rutaceae（芸香科）Citrus（柑橘属）*Citrus grandis* × *Citrus sinensis*（杂柑）。
【采集地】浙江省宁波市象山县。

【主要特征特性】树势中等，直立，结果后开张。多数枝上都有刺，随树龄的增长逐渐退化至无。平均单果重130.0g左右。果实高腰扁球形，果形指数1.10~1.15，果顶部突起有小脐。果皮浓红橙色。油胞略大，果皮薄并与果肉密生，剥皮较温州蜜柑稍难，不浮皮。果肉浓橙色，囊壁薄，完熟后柔软多汁，高糖，平均可溶性固形物含量13.5%。着色虽然早，但减酸迟，无籽。果实12月中旬至下旬成熟。

【优异特性与利用价值】品质优良，果实鲜食。

【濒危状况及保护措施建议】建议推广应用。

35 晴姬 　【学　名】Rutaceae（芸香科）Citrus（柑橘属）Citrus grandis × Citrus sinensis（杂柑）。
【采集地】浙江省宁波市象山县。

【主要特征特性】果形如温州蜜柑，果实扁圆形，平均单果重150.0g左右，果皮黄色、光滑，剥皮易，外观十分漂亮。果内有香气，平均可溶性固形物含量12.0%。混栽时，有少量种子。果实12月上旬至翌年1月下旬成熟。

【优异特性与利用价值】品质优良，果实鲜食。

【濒危状况及保护措施建议】建议推广应用。

36 肥之曙　【学　名】Rutaceae（芸香科）*Citrus*（柑橘属）*Citrus reticulata* cv. Unshiu（温州蜜柑）。
【采集地】浙江省宁波市象山县。

【主要特征特性】特早熟温州蜜柑品种。树势中庸，枝条开张，枝密生，枝梢节间短。果实扁平，平均单果重100.0g，果面油胞少而稀、略凸出、较粗糙。果实9月下旬有40%～50%着色，10月中旬完全着色。成熟果实平均可溶性固形物含量9.0%～10.3%，可滴定酸含量0.90g/100mL，风味略淡，果实9月底成熟。

【优异特性与利用价值】品质优良，果实鲜食。

【濒危状况及保护措施建议】建议适当予以保护。

37 上野新系

【学　名】Rutaceae（芸香科）*Citrus*（柑橘属）*Citrus reticulata* cv. Unshiu（温州蜜柑）。
【采集地】浙江省宁波市象山县。

【主要特征特性】特早熟温州蜜柑品种。树势中庸，枝条开张，枝密生，枝梢节间短。春梢叶片部分常有褶皱不平。果实扁圆形，平均单果重102.0g，果面光滑。果实10月初开始转色，10月下旬完全着色。成熟果实平均可溶性固形物含量12.5%～13.5%，可滴定酸含量0.80g/100mL，风味浓。果实11月初成熟。

【优异特性与利用价值】品质优良，果实鲜食。

【濒危状况及保护措施建议】建议适当予以保护。

38 大叶尾张
【学　名】Rutaceae（芸香科）*Citrus*（柑橘属）*Citrus reticulata* cv. Unshiu（温州蜜柑）。
【采集地】浙江省宁波市象山县。

【主要特征特性】树势强健，高大，开张。果实扁圆形，中等到大，平均单果重130.0g左右；果面橙色，较光滑，果皮中等厚度；囊瓣9～11瓣，近半月形，囊壁较厚韧，不化渣，平均可溶性固形物含量10.0%～12.2%，可滴定酸含量0.80～1.00g/100mL。较耐贮藏，果实11月中下旬成熟。

【优异特性与利用价值】品质优良，果实鲜食。栽培管理容易，丰产性好，高产稳产，果实常加工用。

【濒危状况及保护措施建议】建议适当予以保护。

39 市文

【学　名】Rutaceae（芸香科）*Citrus*（柑橘属）*Citrus reticulata* cv. Unshiu（温州蜜柑）。
【采集地】浙江省宁波市象山县。

【主要特征特性】特早熟温州蜜柑品种。树势中庸，枝条开张，枝密生，枝梢节间短。果实极扁平，平均单果重108.0g，果面油胞少而稀、略凸出、较粗糙，尤其是幼龄树果实，粗糙更甚。果实9月下旬有40%～50%着色，10月中旬完全着色。成熟果实平均可溶性固形物含量9.0%～10.5%，可滴定酸含量0.90g/100mL。风味略淡。果实9月底成熟。

【优异特性与利用价值】品质优良，果实鲜食。

【濒危状况及保护措施建议】建议适当予以保护。

40 象山红

【学　名】Rutaceae（芸香科）Citrus（柑橘属）Citrus grandis × Citrus sinensis（杂柑）。
【采集地】浙江省宁波市象山县。

【主要特征特性】杂柑类品种。树势中庸，自然圆头形。果实扁球形，平均单果重200.0g左右，大小整齐，肉质柔软多汁，有香味，平均可溶性固形物含量12.0%左右，可滴定酸含量0.90～1.10g/100mL。果实12月中旬成熟，耐贮藏。

【优异特性与利用价值】果形整齐、端庄，果皮色泽鲜丽、细薄，肉质细嫩、化渣，果汁多，甜度适中，风味浓郁，品质极优。果实鲜食。

【濒危状况及保护措施建议】建议适当予以保护。

41 温州橘

【学 名】Rutaceae（芸香科）*Citrus*（柑橘属）*Citrus reticulata*（柑橘）。

【采集地】浙江省温州市瓯海区。

【主要特征特性】果实扁圆形、较小，单果重30.0～50.0g，平均40.0g。果顶广平，顶端浅广凹；部分果实下肩高低不对称，有单肩现象，果实基部圆钝；果面橙黄色至橙色，较平滑，凹点小而少；油胞中等大，较密；果皮薄，厚1.5～2.0mm，海绵层极薄，易剥离，橘络较多；中心柱空；囊瓣8～14瓣，通常12瓣，平均可溶性固形物含量11.0%，可滴定酸含量0.60g/100mL。种子少，中等大，饱满，倒卵状，每果种子1～4粒。果实11月中下旬成熟，耐贮藏。

【优异特性与利用价值】果实鲜食。

【濒危状况及保护措施建议】种植面积减少，建议适当予以保护。

42 漳州橘

【学　名】Rutaceae（芸香科）*Citrus*（柑橘属）*Citrus reticulata*（柑橘）。

【采集地】浙江省温州市瓯海区。

【主要特征特性】果实扁圆形，果形较小，单果重30.0～50.0g，平均40.0g。果顶广平，顶端浅广凹；部分果实下肩高低不对称，有单肩现象，果实基部圆钝；果面橙黄色至橙色，较平滑，凹点小而少；油胞中等大，较密；果皮薄，厚1.5～2.0mm，海绵层极薄，易剥离，橘络较多；中心柱空；囊瓣8～14瓣，通常12瓣居多，平均可溶性固形物含量11.0%，可滴定酸含量0.60g/100mL。种子少，中等大，饱满，倒卵状，每果种子1～4粒。果实11月中下旬成熟，果实耐贮藏。

【优异特性与利用价值】果实鲜食。

【濒危状况及保护措施建议】种植面积在减少，建议适当予以保护。

43 瓯海无籽瓯柑

【学　名】Rutaceae（芸香科）Citrus（柑橘属）*Citrus reticulata* cv. Suavissima（瓯柑）。

【采集地】浙江省温州市瓯海区。

【主要特征特性】从普通瓯柑中选育出的芽变单株无籽瓯柑。树体和枝叶同普通瓯柑。果实倒卵形，平均单果重130.0g左右，果面橙黄色，油胞较细密，具蜡质。平均可溶性固形物含量11.0%～13.0%，总酸含量0.60～0.90g/100mL。果实极耐贮藏，品质比普通瓯柑好，但产量不及普通瓯柑。

【优异特性与利用价值】品质优良，果实鲜食。

【濒危状况及保护措施建议】建议推广应用。

44 青瓯柑

【学 名】Rutaceae（芸香科）*Citrus*（柑橘属）*Citrus reticulata* cv. Suavissima（瓯柑）。

【采集地】浙江省温州市瓯海区。

【主要特征特性】从普通瓯柑中选育出的芽变品系。果实成熟后果皮不易转色，不褪绿，故称青瓯柑。树体和枝叶同普通瓯柑。果实倒卵形，平均单果重140.0g左右，果面绿色，油胞较细密，具蜡质，平均可溶性固形物含量11.0%～13.0%，总酸含量0.60～0.90g/100mL。果实极耐贮藏，品质比普通瓯柑好，但产量不及普通瓯柑。

【优异特性与利用价值】品质优良，果实鲜食。

【濒危状况及保护措施建议】种植面积在减少，建议适当予以保护。

45 象山金豆

【学　名】Rutaceae（芸香科）Fortunella（金橘属）Fortunella japonica（金柑）。

【采集地】浙江省宁波市象山县。

【主要特征特性】常绿灌木。株高2～3m。枝刺较发达。单小叶或兼有单叶，叶片卵状椭圆形至倒卵状椭圆形，长4～6（9）cm，先端圆或钝尖，基部广楔形或近圆形；叶柄长6～9mm，具窄翼或无。果实球形、微扁，横径8～10mm。囊瓣3～4瓣，有种子，多胚。一年开3～4次花，当年第一次花6月初开放，果实12月转色。

【优异特性与利用价值】果实鲜食。植株常用于盆栽观赏。

【濒危状况及保护措施建议】分布在房前屋后，无专人管护，随时都有被砍伐破坏的危险。建议在省级资源圃内无性繁殖异地保存。

46 莲都瓯柑

【学　名】Rutaceae（芸香科）*Citrus*（柑橘属）*Citrus reticulata* cv. Suavissima（瓯柑）。

【采集地】浙江省丽水市莲都区。

【主要特征特性】同瓯海瓯柑。

【优异特性与利用价值】品质优良，果实鲜食。果实耐贮藏，常温下可贮藏至翌年5月，且风味不变。丰产性好。

【濒危状况及保护措施建议】种植面积在减少，建议适当予以保护。

47 莲都无籽瓯柑

【学　名】Rutaceae（芸香科）*Citrus*（柑橘属）*Citrus reticulata* cv. Suavissima（瓯柑）。
【采集地】浙江省丽水市莲都区。

【主要特征特性】同瓯海无籽瓯柑。

【优异特性与利用价值】品质优良，果实鲜食。果实极耐贮藏，品质比普通瓯柑好，但产量不及普通瓯柑。

【濒危状况及保护措施建议】种植面积在减少，建议适当予以保护。

48 磐安香栾

【学　名】Rutaceae（芸香科）Citrus（柑橘属）Citrus medica（香橼）。

【采集地】浙江省金华市磐安县。

【主要特征特性】可能是柚和酸橙的自然杂交后代，磐安县又叫'香乐'（应是'香栾'）。果实圆球形，平均单果重约263.0g，果皮橙黄色、厚7.0mm，果顶有明显印圈，平均种子数44粒，平均可溶性固形物含量8.1%，可滴定酸含量6.20g/100mL，维生素C含量506.10mg/100g。

【优异特性与利用价值】可用于砧木嫁接，果实药用、加工用、泡茶。

【濒危状况及保护措施建议】分布在房前屋后，无专人管护，随时都有被砍伐破坏的危险。建议在省级资源圃内无性繁殖异地保存。

49 黄饶香抛

【学 名】Rutaceae（芸香科）*Citrus*（柑橘属）*Citrus grandis*（柚）。

【采集地】浙江省杭州市建德市。

【主要特征特性】果实高圆形，单果重750.0～1500.0g，果皮黄色，剥皮难。成熟时香气中等，果肉为橙色，果汁含量中等，偏酸，有苦味，平均可溶性固形物含量13.1%；种皮淡黄色，种子白色，形状有三角形、卵圆形等。红心，产量较高。植株有刺，抗寒性强，挂果期长，果实11月中旬成熟。

【优异特性与利用价值】果实鲜食。

【濒危状况及保护措施建议】分布在房前屋后，无专人管护，随时都有被砍伐破坏的危险。建议在省级资源圃内无性繁殖异地保存。

50 景宁白心柚

【学　名】Rutaceae（芸香科）*Citrus*（柑橘属）*Citrus grandis*（柚）。
【采集地】浙江省丽水市景宁畲族自治县。

【主要特征特性】果实近圆形，中等大，平均单果重800.0g左右，顶部略凹。果面黄色，油胞较细密，凸出，果面粗糙，果皮薄，厚约2.5cm。果肉浅黄色，质地脆嫩，果汁中等，酸甜适口。种子较多，中心柱实，耐贮，不易枯水粒化。果实12月上旬成熟。
【优异特性与利用价值】果实鲜食。
【濒危状况及保护措施建议】分布在房前屋后，无专人管护，随时都有被砍伐破坏的危险。建议在省级资源圃内无性繁殖异地保存。

51 景宁红心柚

【学　名】Rutaceae（芸香科）*Citrus*（柑橘属）*Citrus grandis*（柚）。
【采集地】浙江省丽水市景宁畲族自治县。

【主要特征特性】果实近圆形，中等大，平均单果重900.0g左右，顶部略凹。果面黄色，油胞较细密，凸出，果面粗糙，果皮薄，厚约2.3cm。果肉浅红色略带黄色。种子较多，中心柱实，不易枯水粒化。果实11月下旬成熟。

【优异特性与利用价值】果实鲜食。

【濒危状况及保护措施建议】分布在房前屋后，无专人管护，随时都有被砍伐破坏的危险。建议在省级资源圃内无性繁殖异地保存。

52 宁海本地柚

【学 名】Rutaceae（芸香科）*Citrus*（柑橘属）*Citrus grandis*（柚）。

【采集地】浙江省宁波市宁海县。

【主要特征特性】果实近圆形，中等大，平均单果重900.0g左右，顶部略凹。果面黄色，油胞较细密，凸出，果面粗糙，果皮薄，厚约2.3cm。果肉浅黄色，质地脆嫩，果汁中等，酸甜适口，平均可溶性固形物含量10.5%，可滴定酸含量0.80g/100mL。种子较多，中心柱实，耐贮，不易枯水粒化。果实11月下旬成熟。

【优异特性与利用价值】果实鲜食。

【濒危状况及保护措施建议】分布在房前屋后，无专人管护，随时都有被砍伐破坏的危险。建议在省级资源圃内无性繁殖异地保存。

53 奉化宫川

【学　名】Rutaceae（芸香科）*Citrus*（柑橘属）*Citrus reticulata* cv. Unshiu（温州蜜柑）。
【采集地】浙江省宁波市奉化区。

【主要特征特性】温州蜜柑的芽变品种。树势较开张。叶片菱状椭圆形，叶先端钝尖，基部楔形。花丝18～21枚、分离，雌蕊略高于雄蕊。果实高扁圆形，横径6.17～7.71cm，纵径4.98～6.58cm，果形指数0.71～0.88，平均单果重102.0～147.0g；果面橙黄色至橙色，萼片附近隆起明显，具4～5条放射沟，油胞平生或微凸；果皮较薄，易剥皮；果肉橙黄色。无籽，酸甜适中，风味较浓。果实10月中旬成熟，耐贮藏。

【优异特性与利用价值】抗寒，抗旱。果实鲜食。

【濒危状况及保护措施建议】建议进一步推广应用。

54 奉化尾张

【学　名】Rutaceae（芸香科）*Citrus*（柑橘属）*Citrus reticulata* cv. Unshiu（温州蜜柑）。
【采集地】浙江省宁波市奉化区。

【主要特征特性】树势强健，高大，开张。果实扁圆形，中等到大，平均单果重130.0g
左右；果面橙色，较光滑，果皮中等厚度；囊瓣9～11瓣，近半月形，囊壁较厚韧，不
化渣，平均可溶性固形物含量10.0%～12.0%，可滴定酸含量0.80～1.00g/100mL。果实
品质中等，较耐贮藏，11月中下旬成熟。

【优异特性与利用价值】栽培管理容易，丰产性好，高产稳产，果实可鲜食和加工用。

【濒危状况及保护措施建议】建议推广应用。

55 奉化金钱蜜橘

【学　名】Rutaceae（芸香科）*Citrus*（柑橘属）*Citrus reticulata*（柑橘）。

【采集地】浙江省宁波市奉化区。

【主要特征特性】树势中等，树冠自然圆头形，树姿开张；枝条细长而密，无刺。叶片小，椭圆形。果实扁圆形、较小，一般纵径3.0~4.2cm，横径4.7~5.8cm，单果重30.0~50.0g，平均40.0g；果顶广平，顶端浅广凹，部分果实下肩高低不对称，有单肩现象，果实基部圆钝，蒂周一般有4~5条放射状短沟，果面橙黄色至橙色，较平滑，凹点小而少；油胞中等大，较密；果皮薄，厚1.5~2.0mm，海绵层极薄，易剥离，橘络较多；中心柱空；囊瓣8~14瓣，通常12瓣，平均可溶性固形物含量11.0%，可滴定酸含量0.60g/100mL。种子少，中等大，饱满，倒卵状，每果种子1~4粒。果实11月中下旬成熟，耐贮藏。

【优异特性与利用价值】果实鲜食。

【濒危状况及保护措施建议】种植面积在减少，建议适当予以保护。

56 苍南灵溪柚

【学　名】Rutaceae（芸香科）*Citrus*（柑橘属）*Citrus grandis*（柚）。
【采集地】浙江省温州市苍南县。

【主要特征特性】果实圆球形、扁圆形、梨形或阔圆锥状，果皮甚厚或薄，海绵质，油胞大，凸起，果心实但松软，囊瓣10～15瓣或多至19瓣。种子多达200余粒，亦有无籽的，形状不规则，通常近似长方形，单胚。花期4～5月，果期9～12月。

【优异特性与利用价值】果实鲜食。

【濒危状况及保护措施建议】分布在房前屋后，无专人管护，随时都有被砍伐破坏的危险。建议在省级资源圃内无性繁殖异地保存。

57 木兰柚

【学　名】Rutaceae（芸香科）*Citrus*（柑橘属）*Citrus grandis*（柚）。

【采集地】浙江省温州市苍南县。

【主要特征特性】果实扁圆形，果形指数0.9，平均单果重1200.0～1600.0g，果肉粉红色，平均可溶性固形物含量10.2%，总酸含量0.90g/100mL。种子饱满，较多，每果有种子100粒以上。可食率53.2%。果实10月下旬成熟。

【优异特性与利用价值】果实鲜食。

【濒危状况及保护措施建议】分布在房前屋后，无专人管护，随时都有被砍伐破坏的危险。建议在省级资源圃内无性繁殖异地保存。

58 仙居白橙

【学　名】Rutaceae（芸香科）*Citrus*（柑橘属）*Citrus grandis*（柚）。

【采集地】浙江省台州市仙居县。

【主要特征特性】果实近圆形或倒阔卵形，中等大，平均单果重1000.0g左右，顶部略凹。果面黄绿色，油胞较细密，微凸，果面较光滑，果皮薄，厚约2.1cm。果肉浅黄绿色，质地脆嫩，果汁中等，酸甜适口，平均可溶性固形物含量10.2%，可滴定酸含量0.80g/100mL。种子较多，中心柱实，耐贮，不易枯水粒化。果实11月下旬成熟。

【优异特性与利用价值】果实鲜食。

【濒危状况及保护措施建议】分布在房前屋后，无专人管护，随时都有被砍伐破坏的危险。建议在省级资源圃内无性繁殖异地保存。

59 黄岩金豆

【学　名】Rutaceae（芸香科）*Fortunella*（金橘属）*Fortunella japonica*（金柑）。
【采集地】浙江省台州市黄岩区。

【主要特征特性】又名山金橘，与象山金豆特性基本相同，需进一步观察。

【优异特性与利用价值】果实鲜食。植株常用于盆栽观赏。

【濒危状况及保护措施建议】分布在房前屋后，无专人管护，随时都有被砍伐破坏的危险。建议在省级资源圃内无性繁殖异地保存。

60 黄岩枸头橙

【学　名】Rutaceae（芸香科）*Citrus*（柑橘属）*Citrus aurantium*（酸橙）。
【采集地】浙江省台州市黄岩区。

【主要特征特性】树势强，树冠圆头形。枝条有刺，刺长2cm。单身复叶，叶片长椭圆形或倒卵形，长5.0～10.0cm，宽2.5～5.0cm，近全缘，翼叶长0.8～1.5cm，宽0.3～0.6cm。花单生或数朵簇生于叶腋；萼片5；花瓣5，白色，略反卷。果实球形或稍扁，直径约7.5cm，成熟后橙黄色，表面粗糙，囊瓣10～12瓣，味酸而苦，中心柱空。果实11月下旬成熟。

【优异特性与利用价值】可留树至翌年5月不落果。常用作嫁接砧木。果实可药用。

【濒危状况及保护措施建议】分布在房前屋后，无专人管护，随时都有被砍伐破坏的危险。建议在省级资源圃内无性繁殖异地保存。

61 黄岩代代

【学　名】Rutaceae（芸香科）*Citrus*（柑橘属）*Citrus aurantium*（酸橙）。

【采集地】浙江省台州市黄岩区。

【主要特征特性】代代橘，又名回青橙，为酸橙类。总状花序，花白色，浓香，一朵或几朵簇生枝端叶腋，一年开花多次，春花最旺，5～6月开花，花期1个月左右。花后结出的橙黄色扁圆形果实，色泽美丽，香味浓郁，因其果实留在树上过冬，明年开花结新果时，其皮由黄回青，两代果实同生于一树上，故名代代橘。

【优异特性与利用价值】果实可药用，为药材加工基原植物。还可用于绿化观赏。

【濒危状况及保护措施建议】种植面积在减少，建议适当予以保护。

62 佛香柚

【学　名】Rutaceae（芸香科）*Citrus*（柑橘属）*Citrus grandis*（柚）。

【采集地】浙江省舟山市定海区。

【主要特征特性】起源于舟山市定海区庭院实生柚单株，树冠自然圆头形，生长势强。果实呈高圆形或梨形，单果重1200.0～1500.0g，果皮橙色。囊瓣13～14瓣，果肉淡黄色，脆嫩化渣，平均可溶性固形物含量11.0%～13.0%，总酸含量0.92g/100mL。丰产稳产，果实10月下旬至11月上旬成熟，耐贮藏，采收后一般可贮藏到翌年4月仍保持优良的风味。

【优异特性与利用价值】品质优良，果实鲜食。

【濒危状况及保护措施建议】种植面积在减少，建议适当予以保护。

63 定海金橘

【学　名】Rutaceae（芸香科）*Fortunella*（金橘属）*Fortunella japonica*（金柑）。
【采集地】浙江省舟山市定海区。

【主要特征特性】常绿灌木，高2～3m。一般无枝刺，偶有小刺。果实圆球形或椭圆球形，果皮橙黄色，脆嫩，有芳香味。平均单果重12.0～16.0g，平均可溶性固形物含量11.0%，可滴定酸含量0.90g/100mL。每年可开花3～4次，花期集中在6～8月，11月中下旬第一批花的果实成熟，果面50%转黄时开始选黄留青，分期分批采收。

【优异特性与利用价值】果实鲜食。植株观赏。

【濒危状况及保护措施建议】种植面积在减少，建议适当予以保护。

64 瑞安柚1号

【学 名】Rutaceae（芸香科）*Citrus*（柑橘属）*Citrus grandis*（柚）。
【采集地】浙江省温州市瑞安市。

【主要特征特性】果实近圆形或倒阔卵形，中等大小，平均单果重1000.0g左右，顶部略凹。果面黄绿色，较光滑，果皮薄，厚约2.2cm，油胞较细密，微凸。果肉浅黄色，质地脆嫩，果汁中等，酸甜适口，平均可溶性固形物含量11.0%，可滴定酸含量0.90g/100mL。种子多，中心柱空，耐贮，不易枯水粒化。果实10月中旬成熟。

【优异特性与利用价值】果实鲜食。

【濒危状况及保护措施建议】分布在房前屋后，无专人管护，随时都有被砍伐破坏的危险。建议在省级资源圃内无性繁殖异地保存。

65 瑞安柚2号

【学 名】Rutaceae（芸香科）Citrus（柑橘属）Citrus grandis（柚）。

【采集地】浙江省温州市瑞安市。

【主要特征特性】与瑞安柚1号的特性基本相同，需进一步观察。

【优异特性与利用价值】果实鲜食。

【濒危状况及保护措施建议】分布在房前屋后，无专人管护，随时都有被砍伐破坏的危险。建议在省级资源圃内无性繁殖异地保存。

66 奉化金橘

【学　名】Rutaceae（芸香科）Fortunella（金橘属）Fortunella japonica（金柑）。

【采集地】浙江省宁波市奉化区。

【主要特征特性】又称宁波金柑。与定海金橘的特性基本相同，需进一步观察。

【优异特性与利用价值】果实鲜食。植株观赏。

【濒危状况及保护措施建议】分布在房前屋后，无专人管护，随时都有被砍伐破坏的危险。建议在省级资源圃内无性繁殖异地保存。

67 长兴橘子
【学 名】Rutaceae（芸香科）Citrus（柑橘属）Citrus reticulata（柑橘）。
【采集地】浙江省湖州市长兴县。

【主要特征特性】树势强健，树冠自然圆头形。果实圆球形，平均单果重98.0g，果皮绿色，油胞凸起或较平，果顶有明显印圈和小脐孔；果皮厚2.5mm，较薄，中心柱实，囊瓣8～10瓣，分离较难；果肉红色，汁多化渣，有香味，平均可溶性固形物含量12.0%～15.0%，可滴定酸含量1.20g/100mL，贮藏后可滴定酸含量可降到1.00g/100mL以下，果汁率达82.0%，每果种子约16粒。11月下旬可采收。

【优异特性与利用价值】品质优良，果实鲜食。

【濒危状况及保护措施建议】分布在房前屋后，无专人管护，随时都有被砍伐破坏的危险。建议在省级资源圃内无性繁殖异地保存。

68 庆元野橘　【学　名】Rutaceae（芸香科）*Citrus*（柑橘属）*Citrus reticulata*（柑橘）。
　　　　　　　　【采集地】浙江省丽水市庆元县。

【主要特征特性】黄皮酸橘。枝条有短刺。果实扁圆形、较小，平均单果重35.0g；果面橙黄色至橙色，果皮粗糙；油胞中等大，较密；中心柱空；囊瓣8～14瓣，通常12瓣，平均可溶性固形物含量11.0%，可滴定酸含量1.20g/100mL。有异味，种子少，中等大，饱满，倒卵状，每果种子1～4粒，多数多胚。果实12月中下旬成熟。

【优异特性与利用价值】果实鲜食。

【濒危状况及保护措施建议】分布在房前屋后，无专人管护，随时都有被砍伐破坏的危险。建议在省级资源圃内无性繁殖异地保存。

69 柯城红肉香抛

【学　名】Rutaceae（芸香科）Citrus（柑橘属）Citrus grandis（柚）。
【采集地】浙江省衢州市柯城区。

【主要特征特性】果实椭圆形，中等大小，平均单果重1000.0g左右，顶部广平；果面黄绿色，较光滑；油胞较细密，微凸；果皮厚，约3.2cm；果肉浅红色，质地脆嫩，果汁中等，酸甜适口，平均可溶性固形物含量11.0%，可滴定酸含量0.90g/100mL。种子多，中心柱实，耐贮，不易枯水粒化。果实11月上旬成熟。

【优异特性与利用价值】果实鲜食。

【濒危状况及保护措施建议】分布在房前屋后，无专人管护，随时都有被砍伐破坏的危险。建议在省级资源圃内无性繁殖异地保存。

70 青田红心抛

【学　名】Rutaceae（芸香科）*Citrus*（柑橘属）*Citrus grandis*（柚）。
【采集地】浙江省丽水市青田县。

【主要特征特性】果实近圆形或倒阔卵形，中等大小，平均单果重1200.0g左右，顶部广平；果面黄色，较光滑；油胞较细密，微凸；果皮厚度中等或稍薄；果肉深红色，质地脆嫩，果汁中等，酸甜适口，平均可溶性固形物含量11.0%，可滴定酸含量0.90g/100mL。无异味，种子多，中心柱实，耐贮，不易枯水粒化。果实11月中旬成熟。
【优异特性与利用价值】品质优良，果实鲜食。
【濒危状况及保护措施建议】分布在房前屋后，无专人管护，随时都有被砍伐破坏的危险。建议在省级资源圃内无性繁殖异地保存。

71 洞头朱栾

【学 名】Rutaceae（芸香科）Citrus（柑橘属）Citrus aurantium（酸橙）。

【采集地】浙江省温州市洞头区。

【主要特征特性】常绿乔木，枝具针刺。单身复叶，叶片长卵圆形，长4.5～9.5cm，宽2.7～5.4cm，先端钝尖，基部宽楔形，全缘或微具波状齿；叶柄长1.5～2.4cm，叶翼狭或宽，宽1.0～1.8cm，有时不甚明显。花两性，腋生、单生、簇生，或为总状花序；花大，白色；萼片5裂，黄绿色；花瓣5；雄蕊约25，最初连合，后分成2～3束。果实扁圆形，纵径约6.5cm，横径约8.0cm；果皮红橙色，油胞平生，不凸出；果皮与囊瓣易剥离，皮厚0.5～0.8cm，囊瓣10～12瓣，中心柱空。种子卵圆形，多胚，子叶白色。果实极酸，不可食用。果实11～12月成熟。

【优异特性与利用价值】果实药用，为药材加工基原植物，还可用于绿化观赏。

【濒危状况及保护措施建议】分布在房前屋后，无专人管护，随时都有被砍伐破坏的危险。建议在省级资源圃内无性繁殖异地保存。

72 建德突沙抛

【学　名】Rutaceae（芸香科）*Citrus*（柑橘属）*Citrus grandis*（柚）。
【采集地】浙江省杭州市建德市。

【主要特征特性】果实近圆形或倒阔卵形，中等大小，平均单果重1000.0g左右，顶部广平；果面黄色，较光滑；油胞较细密，微凸；果皮厚度中等或稍薄；果肉浅黄色，质地脆嫩，果汁中等，酸甜适口，平均可溶性固形物含量11.5%。无异味，种子多，耐贮。果实10月下旬成熟。

【优异特性与利用价值】果实鲜食。

【濒危状况及保护措施建议】分布在房前屋后，无专人管护，随时都有被砍伐破坏的危险。建议在省级资源圃内无性繁殖异地保存。

73 建德野生柚

【学 名】Rutaceae（芸香科）Citrus（柑橘属）Citrus grandis（柚）。
【采集地】浙江省杭州市建德市。

【主要特征特性】果实近圆形或倒阔卵形，中等大小，平均单果重1000.0g左右，顶部广平；果面黄色，较光滑；油胞较细密，微凸；果皮厚度中等或稍薄；果肉黄绿色，质地软嫩，果汁多，酸甜适口，平均可溶性固形物含量11.0%，可滴定酸含量0.90g/100mL。无异味，种子多，耐贮，不易枯水粒化。果实11月中旬成熟。

【优异特性与利用价值】果实鲜食。

【濒危状况及保护措施建议】分布在房前屋后，无专人管护，随时都有被砍伐破坏的危险。建议在省级资源圃内无性繁殖异地保存。

第 七 章

浙江省野果类果树种质资源

1 义乌凉粉果

【学　名】Moraceae（桑科）Ficus（榕属）*Ficus pumila*（薜荔）。

【采集地】浙江省金华市义乌市。

【主要特征特性】攀缘灌木，不结果枝节上生不定根。叶片卵状心形，长约3.0cm，薄革质。果实球形或圆锥形，长约5.0cm，直径3.0～5.0cm，顶部截平。幼果果面密布白色茸毛，切开果实后会分泌大量白色黏液。

【优异特性与利用价值】成熟果实富含果胶，但不能生吃，可加工制成凉粉食用。根、茎、叶、果可入药。

【濒危状况及保护措施建议】过去在义乌分布很广，池塘和沟渠边的树上有缠绕，山坡岩石上有匍匐，农村一些土墙、石丸垒起来的石头墙上都有攀缘生长。现在已日渐稀少几近灭绝。建议在国家/省级资源圃内无性繁殖异地保存。

2 奉化木莲

【学　名】Moraceae（桑科）*Ficus*（榕属）*Ficus pumila*（薜荔）。
【采集地】浙江省宁波市奉化区。

【主要特征特性】匍匐灌木。叶片卵状心形，长约4.0cm，薄革质，全缘，叶脉在表面下陷，背面凸起，网脉明显；叶柄短。果实圆锥形，基部截平，摘下后果柄会迅速分泌大量乳白色黏液。

【优异特性与利用价值】果实可用于制凉粉。

【濒危状况及保护措施建议】分布在溪沟边，为攀缘藤本，随时都有被砍伐破坏的风险。建议在国家/省级资源圃内无性繁殖异地保存。

3 奉化木榧

【学　名】Taxaceae（红豆杉科）*Torreya*（榧树属）*Torreya grandis*（榧树）。
【采集地】浙江省宁波市奉化区。

【主要特征特性】高大乔木，株高约30m。树皮灰褐色，有不规则纵裂。一年生枝绿色，无毛，二、三年生枝褐色。叶片直条形，列成两列，长约2.5cm。外果皮青绿色，内含1粒种子。种子形状一致性差，多为卵圆形，长3.0～4.5cm，宽2.5～3.5cm。高产。

【优异特性与利用价值】果实品质及树体抗性待观察。树龄较长，可用于榧树种质资源演化研究。

【濒危状况及保护措施建议】分布在深山内的村舍边，树体高大粗壮，树形优美，无专人管护，随时有被破坏的风险。建议在国家/省级资源圃内无性繁殖异地保存的同时，列入当地古树名木目录，加强原位保存。

4 衢江香榧

【学 名】Taxaceae（红豆杉科）Torreya（榧树属）Torreya grandis（榧树）。

【采集地】浙江省衢州市衢江区。

【主要特征特性】树体直立挺拔，为高大乔木，株高约30m，胸径95cm。树皮浅黄灰色，有不规则纵裂。一年生枝绿色，无毛，二、三年生枝黄绿色。叶片直条形，列成两列，略向叶背面弯曲，长约2.5cm，宽约3.5mm，绿黄色。

【优异特性与利用价值】果实品质及树体抗性待观察。树龄较长，可用于榧树种质资源演化研究。

【濒危状况及保护措施建议】分布在村中的景区道路边，有专人管护，树体高大，胸径粗，树龄较长。建议在国家/省级资源圃内无性繁殖异地保存的同时，列入当地古树名木目录，进一步加强原位保存。

5 建德草榧

【学　名】Taxaceae（红豆杉科）*Torreya*（榧树属）*Torreya grandis*（榧树）。

【采集地】浙江省杭州市建德市。

【主要特征特性】高大乔木，株高约20m，胸径约1.5m。一年生枝黄绿色，无毛，二、三年生枝灰褐色。叶片直条形，列成两列，略向叶背面弯曲，长约2.5cm，宽约3.5mm，黄绿色。果实近球形，直径约2.5cm。

【优异特性与利用价值】果实品质及树体抗性待观察。树龄较长，可用于榧树种质资源演化研究。

【濒危状况及保护措施建议】分布在村间小路边，树体高大粗壮，树龄长，部分主枝已损坏，随时有被完全破坏的风险。建议在国家/省级资源圃内无性繁殖异地保存的同时，列入当地古树名木目录，进一步加强原位保存。

6 云和香榧

【学　名】Taxaceae（红豆杉科）*Torreya*（榧树属）*Torreya grandis*（榧树）。

【采集地】浙江省丽水市云和县。

【主要特征特性】高大乔木，株高约30m，胸径约1.1m。树皮浅黄灰色，有不规则纵裂。一年生枝黄绿色，无毛，二、三年生枝灰褐色。叶片直条形，列成两列，略向叶背面弯曲，长约2.6cm，宽约3.0mm，深绿色。果实近球形，直径约2.5cm。

【优异特性与利用价值】果实品质与树体抗性待观察。

【濒危状况及保护措施建议】分布在深山内的村舍边，树体高大粗壮，树形优美，无专人管护，随时有被破坏的风险。建议在国家/省级资源圃内无性繁殖异地保存的同时，列入当地古树名木目录，加强原位保存。

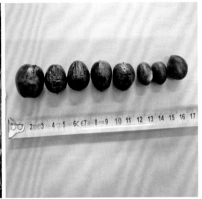

7 建德香榧

【学 名】Taxaceae（红豆杉科）*Torreya*（榧树属）*Torreya grandis*（榧树）。

【采集地】浙江省杭州市建德市。

【主要特征特性】一年生枝黄绿色，无毛，二、三年生枝灰褐色。叶片直条形，列成两列，略向叶背面弯曲，长约2.6cm，宽约3.0mm，深绿色。果实卵圆形，长约3.0cm，宽约2.5cm。

【优异特性与利用价值】优质，丰产。果实可食用。

【濒危状况及保护措施建议】已有小规模种植。建议在国家/省级资源圃内无性繁殖异地保存。

8 景宁核桃

【学 名】Juglandaceae（胡桃科）*Juglans*（胡桃属）*Juglans mandshurica*（核桃楸）。
【采集地】浙江省丽水市景宁畲族自治县。

【主要特征特性】树体高大，树姿直立，树冠半圆形。混合芽长三角形。坚果卵形，表面光洁、沟纹稀、刻窝浅、核壳厚，果顶锐尖、果底尖圆，缝合线隆起、紧密，心室隔膜骨质，核仁干瘪、取仁难。浙江景宁地区5月开花，10～11月果实成熟。

【优异特性与利用价值】果实口感好，出油率高，当地有用果实泡酒的习俗。可用于核桃种质资源演化研究。

【濒危状况及保护措施建议】分布在村间主干道边，随时有被砍伐破坏的风险。建议在国家/省级资源圃内异地无性繁殖保存。

9 宁海野山楂

【学　名】Rosaceae（蔷薇科）*Crataegus*（山楂属）*Crataegus pinnatifida*（山楂）。

【采集地】浙江省宁波市宁海县。

【主要特征特性】高大乔木，树姿直立，树冠圆头形。成熟叶片卵形、绿色，背面光滑无毛，叶裂中深，叶缘具细锐锯齿，叶面平展，叶基楔形。果实倒卵圆形，果点明显。花期与果实成熟期未知。

【优异特性与利用价值】果实品质与树体抗性待观察。

【濒危状况及保护措施建议】分布在荒山阳坡野林地中，无专人管护，随时都有被砍伐破坏的危险。建议在国家/省级资源圃内无性繁殖异地保存。

10 余姚野山楂

【学　名】Rosaceae（蔷薇科）*Crataegus*（山楂属）*Crataegus pinnatifida*（山楂）。
【采集地】浙江省宁波市余姚市。

【主要特征特性】高大乔木，树姿直立，树冠圆头形。成熟叶片卵形、绿色，叶裂中深，叶缘具细锐锯齿，叶面平展，叶基楔形。果实扁圆形，果皮黄绿色，果点明显。花期与果实成熟期未知。

【优异特性与利用价值】果实品质与树体抗性待观察。

【濒危状况及保护措施建议】分布在山坡茶园边，树体高大，无专人管护。建议在国家/省级资源圃内无性繁殖异地保存。

11 瑞安橄榄

【学　名】Burseraceae（橄榄科）*Canarium*（橄榄属）*Canarium album*（橄榄）。
【采集地】浙江省温州市瑞安市。

【主要特征特性】乔木，株高约8m。叶片纸质，披针形，长6.0～14.0cm，宽2.0～5.5cm，无毛，先端渐尖，中脉发达。

【优异特性与利用价值】果实品质及树体抗性待观察。

【濒危状况及保护措施建议】分布在村舍边的野树林中，随时有被拓荒砍伐的危险。建议在国家/省级资源圃内无性繁殖异地保存。

12 文成野生橄榄

【学　名】Burseraceae（橄榄科）Canarium（橄榄属）Canarium album（橄榄）。
【采集地】浙江省温州市文成县。

【主要特征特性】乔木，株高约10m。叶片革质，披针形，长约10.0cm，宽约3.0cm，无毛，先端渐尖，中脉发达。果序长约12cm，平均6个果实。果实纺锤形，长2.5～3.5cm，无毛。

【优异特性与利用价值】果实品质一般。果核用来做核雕。

【濒危状况及保护措施建议】分布在山坡野林地中，无专人管护。建议在国家/省级资源圃内无性繁殖异地保存。

13 奉化阿公公

【学　名】Rosaceae（蔷薇科）*Rubus*（悬钩子属）*Rubus idaeus*（覆盆子）。
【采集地】浙江省宁波市奉化区。

【主要特征特性】枝丛匍匐，枝条表面密被茸毛，针刺紫红色。3～5片羽状复叶，叶片淡绿色，叶尖长尾尖，叶基圆形，叶缘具锐锯齿，叶姿水平，叶面平展。花期与果实成熟期未知。

【优异特性与利用价值】果实品质与树体抗性待观察。

【濒危状况及保护措施建议】分布在农田埂上。建议在国家/省级资源圃内无性繁殖异地保存。

14 德清树莓

【学　名】Rosaceae（蔷薇科）*Rubus*（悬钩子属）*Rubus idaeus*（覆盆子）。

【采集地】浙江省湖州市德清县。

【主要特征特性】灌木。一年生枝紫红色，表面密被茸毛。叶片具4裂刻，且裂刻较深，叶尖长尾尖，叶缘具钝锯齿，叶姿水平，叶面平展。果实近球形，深红色，直径1.5～2.0cm，4月上旬成熟。

【优异特性与利用价值】广适，耐贫瘠。果实可鲜食、浸酒。

【濒危状况及保护措施建议】分布在山区村道边的护坡上，随时有被砍伐破坏的风险。建议在国家/省级资源圃内无性繁殖异地保存。

15 安吉篷篷子

【学　名】Rosaceae（蔷薇科）*Rubus*（悬钩子属）*Rubus idaeus*（覆盆子）。
【采集地】浙江省湖州市安吉县。

【主要特征特性】灌木。一年生枝灰绿色，表面密被茸毛。叶片具2～4个浅裂刻，或无裂刻，叶钝尖，叶缘无锯齿，叶姿水平，叶面平展。果实近球形，橙红色，直径1.0～2.0cm，5月上旬成熟。

【优异特性与利用价值】广适，耐贫瘠。果实可鲜食、浸酒。

【濒危状况及保护措施建议】分布在山区村道边的护坡上，随时有被砍伐破坏的风险。建议在国家/省级资源圃内无性繁殖异地保存。

16 安吉乌枣子

【学　名】Ericaceae（杜鹃花科）Vaccinium（越橘属）Vaccinium bracteatum（南烛）。
【采集地】浙江省湖州市安吉县。

【主要特征特性】常绿灌木，分枝多。叶片薄革质，椭圆形。浆果，成熟时紫黑色，球形，直径约1.0cm，11月上旬成熟。

【优异特性与利用价值】可用叶片蒸乌饭食用，又称乌饭树。

【濒危状况及保护措施建议】分布在野林中，无专人管护，随时都有被砍伐破坏的危险。建议在国家/省级资源圃内无性繁殖异地保存。

17 安吉秤砣

【学　名】Magnoliaceae（木兰科）Schisandra（五味子属）Schisandra chinensis（五味子）。

【采集地】浙江省湖州市安吉县。

【主要特征特性】木质藤本，老枝灰褐色。叶片革质，椭圆形。聚合果圆球形，深红色，直径约5.0cm，9月底成熟。

【优异特性与利用价值】果实药用，有敛肺止咳、滋补涩精、止泻止汗之效。

【濒危状况及保护措施建议】攀缘分布在竹林边的矮小灌木丛中。建议在国家/省级资源圃内无性繁殖异地保存。

18 瑞安八月瓜

【学　名】Lardizabalaceae（木通科）*Akebia*（木通属）*Akebia quinata*（木通）。
【采集地】浙江省温州市瑞安市。

【主要特征特性】木质藤本，茎纤细，圆柱形，缠绕，茎皮灰褐色。掌状复叶互生或在短枝上簇生，叶片基部圆。果实长圆形，长约12.0cm，成熟时灰褐色，腹缝开裂。种子数量多，种皮黑色，着生于白色、多汁的果肉中。果实9月下旬成熟。

【优异特性与利用价值】成熟果肉可鲜食。

【濒危状况及保护措施建议】攀缘分布在野林地中，无专人管护。建议在国家/省级资源圃内无性繁殖异地保存。

19 新昌野生水牛丫

【学　名】Lardizabalaceae（木通科）*Akebia*（木通属）*Akebia quinata*（木通）。
【采集地】浙江省绍兴市新昌县。

【主要特征特性】木质藤本，茎纤细，茎皮黄褐色。掌状复叶互生，叶片基部圆。果实长圆形，长约9.0cm，紫红色或黄褐色，成熟时腹缝开裂，露出白色、多汁的果肉，内含数量众多的黑色种子。果实9月下旬成熟。

【优异特性与利用价值】优质，丰产。成熟果肉可鲜食。

【濒危状况及保护措施建议】已有小规模种植。建议在国家/省级资源圃内无性繁殖异地保存。

20 奉化冷饭包

【学 名】Lardizabalaceae（木通科）*Akebia*（木通属）*Akebia quinata*（木通）。

【采集地】浙江省宁波市奉化区。

【主要特征特性】木质藤本，茎纤细，茎皮深褐色。掌状复叶互生或短枝簇生，叶片基部圆。果实长圆形，长约9.0cm，黄褐色，成熟时腹缝开裂，露出白色、多汁的果肉，内含数量众多的黑色种子。果实9月下旬成熟。

【优异特性与利用价值】根、茎、叶、果实可入药，成熟果肉甜，但种子涩味极重。

【濒危状况及保护措施建议】分布在溪沟边，为攀缘藤本，随时有被砍伐破坏的风险。建议在国家/省级资源圃内无性繁殖异地保存。

21 新昌野生九月黄

【学　名】Lardizabalaceae（木通科）*Akebia*（木通属）*Akebia quinata*（木通）。
【采集地】浙江省绍兴市新昌县。

【主要特征特性】木质藤本，茎纤细，茎皮灰褐色。叶片互生或短枝簇生，椭圆形，基部圆。果实长圆形，长约9.0cm，果面凹凸不平，未成熟时绿色，成熟后黄褐色，成熟时腹缝开裂，露出黄色、多汁的果肉，内含数量众多的黑色种子。果实9月下旬成熟。

【优异特性与利用价值】果实可入药，成熟果肉甜，但种子涩味极重。

【濒危状况及保护措施建议】攀缘分布在野林地中，随时都有被砍伐破坏的危险。建议在国家/省级资源圃内无性繁殖异地保存。

参 考 文 献

曹玉芬, 刘凤之, 胡红菊, 等. 2006. 梨种质资源描述规范和数据标准. 北京: 中国农业出版社.

邓秀新, 束怀瑞, 郝玉金, 等. 2018. 果树学科百年发展回顾. 农学学报, 8(1): 24-34.

高志红, 黄颖宏, 等. 2020. 杨梅种质资源描述规范和数据标准. 北京: 中国农业出版社.

胡忠荣, 陈伟, 李坤明, 等. 2006. 猕猴桃种质资源描述规范和数据标准. 北京: 中国农业出版社.

胡忠荣, 陈伟, 李坤明, 等. 2014. 果梅种质资源描述规范和数据标准. 北京: 中国农业出版社.

江东, 龚桂芝, 等. 2006. 柑橘种质资源描述规范和数据标准. 北京: 中国农业出版社.

李登科, 等. 2006. 枣种质资源描述规范和数据标准. 北京: 中国农业出版社.

刘崇怀, 沈育杰, 陈俊, 等. 2006. 葡萄种质资源描述规范和数据标准. 北京: 中国农业出版社.

刘宁, 刘威生, 等. 2005. 杏种质资源描述规范和数据标准. 北京: 中国农业出版社.

刘庆忠, 等. 2006. 板栗种质资源描述规范和数据标准. 北京: 中国农业出版社.

吕德国, 李作轩, 等. 2006. 山楂种质资源描述规范和数据标准. 北京: 中国农业出版社.

王力荣, 吴金龙. 2021. 中国果树种质资源研究与新品种选育70年. 园艺学报, 48(4): 749-758.

王力荣, 朱更瑞, 等. 2005. 桃种质资源描述规范和数据标准. 北京: 中国农业出版社.

杨勇, 王仁梓, 等. 2006. 柿种质资源描述规范和数据标准. 北京: 中国农业出版社.

郁香荷, 刘威生, 等. 2006. 李种质资源描述规范和数据标准. 北京: 中国农业出版社.

赵改荣, 李明, 等. 2011. 樱桃种质资源描述规范和数据标准. 北京: 中国农业出版社.

浙江省统计局. 2021. 浙江统计年鉴2021. http://tjj.zj.gov.cn/col/col1525563/index.html [2022-03-15].

郑少泉, 等. 2006. 枇杷种质资源描述规范和数据标准. 北京: 中国农业出版社.

索　引